U0316053

冶金工业矿山建设工程预算定额

（2010 年版）

第五册 总图运输工程

北　京

冶金工业出版社

2011

图书在版编目（CIP）数据

冶金工业矿山建设工程预算定额：2010 年版．第五册，总图运输工程/冶金工业建设工程定额总站编．—北京：冶金工业出版社，2011.1
ISBN 978-7-5024-5497-5

Ⅰ．①冶…　Ⅱ．①冶…　Ⅲ．①金属矿—矿山工程—预算定额　Ⅳ．①TD85

中国版本图书馆 CIP 数据核字（2010）第 256875 号

出 版 人　曹胜利
地　　址　北京北河沿大街嵩祝院北巷 39 号，邮编 100009
电　　话　（010）64027926　电子信箱　yjcbs@cnmip.com.cn
责任编辑　张　晶　美术编辑　李　新　版式设计　孙跃红
责任校对　刘　倩　责任印制　牛晓波
ISBN 978-7-5024-5497-5

北京百善印刷厂印刷；冶金工业出版社发行；各地新华书店经销
2011 年 1 月第 1 版，2011 年 1 月第 1 次印刷
850mm×1168mm　1/32；9.625 印张；255 千字；289 页
90.00 元

冶金工业出版社发行部　电话：（010）64044283　传真：（010）64027893
冶金书店　地址：北京东四西大街 46 号（100010）　电话：（010）65289081（兼传真）
（本书如有印装质量问题，本社发行部负责退换）

冶金工业建设工程定额总站　文件

冶建定(2010)49 号

关于颁发《冶金工业矿山建设工程预算定额》(2010 年版)的通知

各有关单位：

为适应冶金矿山建设工程造价计价的需要,规范冶金矿山建设工程造价计价行为,指导企业合理确定和有效控制工程造价,由冶金工业建设工程定额总站组织修编的《冶金工业矿山建设工程预算定额》(2010 年版)第三册《尾矿工程》、第四册《剥离工程》、第五册《总图运输工程》、第六册《费用定额》、第七册《施工机械台班费用定额、材料预算价格》已经编制完成。经审查,现予以颁发。

本定额自 2011 年 1 月 1 日起施行。原《冶金矿山剥离工程预算定额》(1992 年版)、《冶金矿山尾矿工程预算定额》(1993 年版)、《冶金矿山总图运输工程预算定额》(1993 版)、《冶金矿山建筑安装工程施工机械台班费用定额》(1993 年版)、《冶金矿山建筑安装工程费用定额》(1996 年版)及《冶金矿山建筑安装工程费用定额》(井巷、机电设备安装部分)(2006 年版)同时停止执行。

本定额由冶金工业邯郸矿山预算定额站负责具体解释和日常管理。

冶金工业建设工程定额总站
二〇一〇年十一月二十八日

总　说　明

一、《冶金工业矿山建设工程预算定额》共分七册，包括：

第一册《井巷工程（直接费、辅助费）》（2006 年版）；

第二册《机电设备安装工程》（2006 年版）；

第三册《尾矿工程》（2010 年版）；

第四册《剥离工程》（2010 年版）；

第五册《总图运输工程》（2010 年版）；

第六册《费用定额》（2010 年版）；

第七册《施工机械台班费用定额、材料预算价格》（2010 年版）。

二、《冶金工业矿山建设工程预算定额》（2010 年版）（以下简称本定额）是完成规定计量单位分部分项工程所需的人工、材料、施工机械台班的计价定额；是统一冶金矿山工程预算工程量计算规则、项目划分、计量单位的依据；是编制冶金矿山工程施工图预算、招标控制价、确定工程造价指导性的计价依据；也是编制概算定额（指标）、投资估算指标的基础；可作为制定企业定额和投标报价的基础。其中工程量计算规则、项目划分、计量单位、工作内容等也可作为实行工程量清单计价，编制冶金矿山工程工程量清单的基础依据。

三、本定额适用于冶金矿山尾矿、剥离、总图运输的新建、改建、扩建和技术改造工程。

四、本定额是依据国家及冶金行业现行有关的产品标准、设计规范、施工及验收规范、技术操作规程、质量评定标准和安全操作规程编制的,同时也参考了具有代表性的工程设计、施工和其他资料。

五、本定额是按目前冶金矿山施工企业普遍采用的施工方法,施工机械装备水平、合理的工期、施工工艺和劳动组织条件;同时也参考了目前冶金矿山建设市场价格情况经分析进行编制的,基本上反映了冶金矿山建设市场的价格水平。

六、本定额是按下列正常的施工条件进行编制的:

1. 设备、材料、成品、半成品、构件完整无损,符合质量标准和设计要求,附有合格证书、实验记录和技术说明书。

2. 安装工程和土建工程之间的交叉作业正常,如施工与生产同时进行时,其降效增加费按人工费的10%计取;如在有害身体健康的环境中施工,其降效增加费按人工费的10%计取。

3. 正常的气候、地理条件和施工环境,如在特殊的自然地理条件下进行施工的工程,如高原、高寒、沙漠、沼泽地区以及洞库、水下工程,其增加费用应按各册的有关说明规定执行。

4. 施工现场的水、电供应状况,均应满足矿山工程正常施工需要,如不能满足时,应根据工程的具体情况,按经建设单位审定批准的施工组织设计方案,在工程施工合同中约定。

5. 安装地点、建筑物、构筑物、设备基础、预留孔洞等均符合安装的要求。

七、人工工日消耗量的确定:

1. 本定额的人工工日不分工种和技术等级，一律以综合工日表示，包括基本用工和其他用工。

2. 本定额综合工日人工单价分别取定为:井巷工程48元/工日，机电设备安装工程40元/工日(井上)，机电设备安装工程42元/工日(井下);尾矿、剥离、总图运输工程40元/工日。综合工日单价包括基本工资、辅助工资、劳动保护费和工资性津贴等。

八、材料消耗量的确定:

1. 本定额中的材料消耗量包括直接消耗在矿山工程建设工作内容中的主要材料、辅助材料和零星材料，并计入了相应损耗。其损耗包括的内容和范围是:从工地仓库、现场集中堆放地点或现场加工地点到操作或安装地点的运输、施工操作和施工现场堆放损耗。

2. 凡定额中未注明单价的材料均为主材，基价中不包括其价格;在确定工程招、投标书中的材料费时，应按括号内所列的用量，向材料供应商询价、招标采购或经建设单位批准的工程所在地市场材料价格进行采购。

3. 本定额基价的材料价格是按《冶金工业矿山建设工程预算定额》(2010年版)第七册《施工机械台班费用定额、材料预算价格》计算的，不足部分补充。

4. 用量很少，对基价影响很小的零星材料，合并为其他材料费，按其占材料费的百分比计算，以"元"表示，计入基价中的材料费。具体占材料费的百分比，详见各册说明。

5. 施工措施性消耗部分，周转性材料按不同施工办法、不同材质分别列出摊销量。

6. 主要材料损耗率见各册附录。

九、施工机械台班消耗量的确定：

1.本定额的机械台班消耗量是按正常合理的机械配备和冶金矿山施工企业的机械装备水平综合取定的。

2.凡单位价值在2000元以内，使用年限在两年以上的，不构成固定资产的工具、用具等未进入定额，已在《冶金工业矿山建设工程预算定额》（2010年版）第六册《费用定额》中考虑。

3.本定额基价中的施工机械台班单价系按《冶金工业矿山建设工程预算定额》（2010年版）第七册《施工机械台班费用定额、材料预算价格》计算的。其中允许在公路上行走的机械，需要交纳车船使用税的设备，机械台班单价中已包括车船使用税。

4.零星小型机械对基价影响不大的，合并为其他机械费，按其占机械费的百分比计算，以"元"表示，计入基价中的机械费，具体占机械费的百分比，详见各册说明。

十、关于水平和垂直运输：

1.设备：包括自安装现场指定堆放地点运至安装地点的水平和垂直运输。

2.材料、成品、半成品：包括自施工单位现场仓库或现场指定堆放地点至建筑安装地点的水平和垂直运输。

3.垂直运输基准面：室内以室内地平面为基准面，室外以安装现场地平面为基准面。

十一、拆除工程计算办法：

1.保护性拆除：凡考虑被拆除的设备再利用时，则采取保护性拆除。按相应定额人工加机械乘0.7系数计算拆除费。

2. 非保护性拆除:凡不考虑被拆除的设备再利用时,则采取非保护性拆除。按相应定额人工加机械乘 0.5 系数计算拆除费。

十二、本定额中注有"XXX 以内"或"XXX 以下"者均包括 XXX 本身;"XXX 以外"或"XXX 以上"者均不包括 XXX 本身。

十三、本定额适用于海拔高度 1500～3000m 以下、地震烈度七级以下的地区,具体详见各册说明,按各册规定的调整系数进行调整。

十四、本说明未尽事宜,详见各册说明。

目　录

册说明 ……………………………………… 1

第一章　土石方工程

说　　明 …………………………………… 5

工程量计算规则 …………………………… 7

一、伐树、挖根、除草 …………………… 10

二、人工挖淤泥、流砂 …………………… 13

三、场地平整及碾压 ……………………… 14

四、人工挖土方 …………………………… 15

五、人工挖沟槽 …………………………… 16

六、人工挖基坑 …………………………… 17

七、电动葫芦提升基坑石、石方 ……… 18

八、人工挖公路路槽 ……………………… 20

九、人工培公路路肩 ……………………… 21

十、人工挖土质台阶 ……………………… 22

十一、人工挖截水沟、边沟 ……………… 23

十二、路基盲沟 …………………………… 24

十三、人工修整边坡及路基面 ………… 25

十四、路床(槽)整形 …………………… 26

十五、修整路拱 …………………………… 27

十六、石方一般开挖 ……………………… 30

　1. 中深孔爆破 ………………………… 30

　2. 浅孔爆破 …………………………… 31

十七、沟槽石方开挖 ……………………… 32

十八、基坑石方开挖 ……………………… 34

十九、岩石表面平整 ……………………… 37

二十、人工运土石方 ……………………… 38

二十一、人工装自卸汽车运土 ………… 40

二十二、装载机挖运土 ……………………… 41

二十三、推土机推土或石碴 …………… 43

二十四、挖掘机挖土石碴 ……………… 49

二十五、自卸汽车运土或石碴 ………… 56

第二章 准轨铁路轨道铺设工程

说 明 ………………………………… 63

工程量计算规则 …………………… 64

一、木枕上铺轨 ……………………… 65

二、钢筋混凝土轨枕上铺轨(70 型扣板式) …… 67

三、钢筋混凝土轨枕上铺轨 ………… 71

四、铺设道岔 ……………………… 75

五、线路铺碴 ……………………… 81

六、道岔铺碴 ……………………… 82

　1. 碎石道碴 ……………………… 82

　2. 混碴 …………………………… 83

七、线路标志 ……………………… 84

八、道口栏杆、防护栏及防护桩 ………… 85

九、铺曲线护轮轨 ………………… 87

十、安装防爬设备、轨距杆、轨撑 ……… 89

十一、装设车挡 …………………… 90

十二、铺设平交道 ………………… 91

十三、铺设股道间道口 …………… 93

十四、线路拆除 …………………… 94

十五、拆除道岔 …………………… 96

十六、拆除平交道 ………………… 97

十七、拆除防爬设备、轨距杆、轨撑 …… 98

十八、线路试运后沉落整修 ……… 99

十九、道岔试运后整修 …………… 101

第三章 窄轨铁路轨道铺设工程

说 明 ………………………………… 105

工程量计算规则 …………………… 106

一、木枕上铺轨 …………………… 107

二、钢筋混凝土轨枕上铺轨 ………………… 113

三、线路铺碴 ……………………………… 119

四、轨距600mm、单开道岔铺设 ………… 120

五、轨距600mm、对称道岔铺设 ………… 122

六、轨距600mm、交叉渡线铺设 ………… 123

七、轨距762mm、单开道岔铺设 ………… 124

八、轨距762mm、对称道岔铺设 ………… 126

九、轨距900mm、单开道岔铺设 ………… 127

十、安装轨距拉杆 ………………………… 128

十一、安装防爬器 ………………………… 129

十二、拆除防爬器、轨距杆 ……………… 130

十三、铺设平交道 ………………………… 131

十四、线路拆除 …………………………… 132

十五、道岔拆除 …………………………… 133

十六、道岔试运后整修 …………………… 134

十七、线路试运后沉落整修 ……………… 136

十八、其他项目 …………………………… 138

第四章 道路路面工程

说　　明 …………………………………… 141

工程量计算规则 …………………………… 143

一、路面垫层 ……………………………… 145

二、干压碎石及手摆片石基层 …………… 146

三、级配砾石掺灰基层 …………………… 147

四、碎(砾)石灰土基层 …………………… 148

五、泥灰结碎石基层 ……………………… 151

六、山皮石底层 …………………………… 152

七、填隙碎石基层 ………………………… 154

八、水泥稳定砂砾 ………………………… 156

九、粒料改善土壤路面 …………………… 157

十、泥结碎石路面 ………………………… 158

十一、级配碎石路面 ……………………… 159

十二、天然砂砾路面 ……………………… 162

十三、磨耗层及保护层 …………………… 163

十四、沥青、渣油表面处治路面 ………… 165

十五、沥青、渣油贯入式路面 …………… 166

十六、沥青、渣油碎石路面 ……………… 167

十七、黑色碎石路面 ……………………… 168

十八、粗(中)粒式沥青混凝土路面 ……… 170

十九、细粒式沥青混凝土路面 …………… 172

二十、喷洒沥青油料 ……………………… 173

二十一、水泥混凝土路面 ………………… 174

二十二、伸缩缝 …………………………… 176

二十三、拆除旧路面 ……………………… 177

　1. 拆除沥青柏油类路面 ……………… 177

　2. 旧路面切缝 ………………………… 178

　3. 拆除侧缘石 ………………………… 179

二十四、人行道、路牙(缘石) …………… 180

二十五、护栏与标志 ……………………… 182

第五章　桥涵工程

说　　明 …………………………………… 187

工程量计算规则 …………………………… 189

一、砌筑工程 ……………………………… 193

　1. 草土、麻、草袋围堰 ……………… 193

　2. 干砌片石、石块 …………………… 196

　3. 浆砌片石 …………………………… 197

　4. 浆砌块石 …………………………… 200

　5. 浆砌料石 …………………………… 203

二、钢筋工程 ……………………………… 204

　1. 钢筋制作、安装 …………………… 204

　2. 铁件、拉杆制作安装 ……………… 205

　3. 预应力钢筋制作安装 ……………… 207

　4. 安装压浆管道和压浆 ……………… 210

三、现浇混凝土工程 ……………………… 211

　1. 基础 ………………………………… 211

　2. 承台 ………………………………… 213

　3. 支撑梁与横梁 ……………………… 215

　4. 墩身、台身 ………………………… 216

5. 拱桥 ………………………… 222

6. 箱梁 ………………………… 223

7. 板 …………………………… 225

8. 板梁 ………………………… 227

9. 板拱 ………………………… 228

10. 挡墙 ………………………… 229

11. 混凝土接头及灌缝 ………… 231

12. 小型构件 …………………… 234

13. 桥面混凝土铺装 …………… 236

14. 桥面防水层 ………………… 237

15. 人工挖孔桩混凝土护臂 …… 238

四、预制混凝土工程 ……………… 239

1. 桩 …………………………… 239

2. 立柱 ………………………… 241

3. 板 …………………………… 243

4. 梁 …………………………… 245

5. 双曲拱构件 ………………… 250

6. 桁架拱构件 ………………… 251

7. 小型构件 …………………… 252

8. 板拱 ………………………… 253

9. 筑、拆胎、地模 …………… 254

五、安装工程 ……………………… 256

1. 安装排架立柱 ……………… 256

2. 安装柱式墩、台管节 ……… 257

3. 安装矩形板、空心板、微弯板 … 258

4. 安装梁 ……………………… 259

5. 安装双曲拱构件 …………… 265

6. 安装桁架拱构件 …………… 266

7. 安装板拱 …………………… 267

8. 安装小型构件 ……………… 268

9. 钢管栏杆及扶手安装 ……… 269

10. 安装支座 …………………… 270

11. 安装泄水孔 ………………… 273

12. 安装伸缩缝 ………………… 274

13. 安装沉降缝 ·················· 275

六、脚手架工程 ················ 276

附　录

一、土壤、岩石分类表 ·············· 281

1. 土石方虚实方系数表 ·············· 281

2. 土壤及岩石(普氏)分类表 ·············· 282

3. 钻孔、灌浆工程岩石分级对照表 ·········· 285

二、材料、半成品场内运输及施工
　操作损耗率表 ················ 286

册 说 明

一、《冶金工业矿山建设工程预算定额》(2010年版)第五册《总图运输工程》(以下简称本定额),是在1993年原冶金工业部颁发的《冶金矿山总图运输工程》的基础上,依据国家有关法律法规及政策规定、现行的矿山工程有关设计规范、施工及验收规范、操作技术规程等进行修编。适用于冶金矿山总图运输工程的新建、改建以及扩建工程,不适用于拆除及维修工程。

二、本定额内容包括:土石方工程、准轨铁路轨道铺设工程、窄轨铁路轨道铺设工程、道路路面工程、桥涵工程及附录。

三、本定额的工作内容仅注明主要施工工序,次要工序虽未说明,但定额中均已包括。

四、本定额是按海拔高度2500m以内考虑的,当海拔高度超过2500m时可计取下列系数调整。

海拔高度(m)	调整系数	
	人工工日	机械台班
2500~3000	1.13	1.29
3001~4000	1.25	1.54
4001~5000	1.37	1.84

五、本定额现浇混凝土是按现场拌制考虑的,如使用商品混凝土时,可按当地的商品混凝土计价办法计算。

六、本定额中的混凝土、砂浆标号(包括骨料粒径)与设计规定不同时,允许换算。

七、本定额材料包括主要材料、辅助材料、零星材料等,凡能计量的材料、成品、半成品均按品种、规格逐一列出数量,并计入相应损耗,对次要和零星材料未一一列出,均包括在其他材料费中以"%"表示。

八、定额项目内用量极少的中小型机械(含小型工具)以其他机具费形式计入定额以"元"表示。

九、本定额中的周转性材料已按规定周转次数摊销计入定额内,组合钢模板、复合木模板的回库维修费已计入其预算价格内。

十、本说明未尽事宜详见各章节说明。

第一章　土石方工程

说　　明

一、土壤、岩石分类(详见土壤、岩石分类表)。

二、本定额中的土石方体积均按天然的密实体积(自然方)计算。

三、机械挖土、石方工程,当单位工程小于 2500m³ 时,按定额子目乘以系数 1.10。

四、推土机推土、推石碴、铲运机铲运土、重车上坡,当坡度大于 5% 时,其运距按斜坡长度乘以下列系数计算。

坡度(%)	5～10	15 以内	20 以内	25 以内
系数	1.75	2.00	2.25	2.50

五、机械挖土均以天然湿度土壤为准,若含水量达到或超过 25% 时,人工、机械乘以系数 1.15。

六、定额内未包括地下水位以下施工的排水费用,如发生时,另行计算。

七、推土机在挖方区土层平均厚度小于 30cm 施工时,推土机台班用量乘以系数 1.25。

八、土壤中砾石比例大于 30%,或含多年沉淀的砂砾,以及泥砾层石质时,执行机械装运石方定额。

九、定额中的爆破材料是按炮孔中无地下渗水、积水(雨水积水除外)编制的。炮孔中若出现地下渗水、积水时,其隔水所需材料费用按炸药费的 5% 计算。

十、基坑石方开挖深度超过 6m 时,人工、机械乘以系数 1.09。

十一、沟槽上口宽度小于 3m,且槽长大于槽宽 3 倍,执行沟槽定额;基坑上口面积小于 20m² 时,执行基坑定额;其他均按一般开挖定额执行。

十二、修整路拱、边坡、路基面、挖路槽、过沟、天沟及培路肩均适用于铁路和公路路基土方工程,但修整路拱的中线挖填土深度超过 15cm 者,土方量另计并套用土方工程定额。

十三、路床(槽)整形项目的内容,已包括平均厚度 10cm 以内的人工挖高、填低平整路床,使之形成设计要求的纵横坡度、并经重型压路机压密实。

工程量计算规则

一、本章定额的土、石方体积均以天然密实体积（自然方）计算，回填土按碾压后的体积（石方）计算。土石方体积换算见下表。

土石方体积换算表

项　目	类　别	天然密实体积	虚方体积	夯实后体积
土　方	松　土	1	1.25	0.85
	普通土	1	1.35	
	硬　土	1	1.40	
石　方	软　岩	1	1.45	1.31
	次坚岩	1	1.50	
	坚　岩	1	1.60	
砂　方		1	1.07	0.94
块　石		1	1.75	1.43

二、平整场地，系指厚度在±30cm以内的就地挖、填找平，其工程量按设计线路宽度的两外边线各增加1m计算。

三、场地原土碾压按图示尺寸，碾压面积以 m² 计算；填土碾压按图示尺寸计算，体积乘以系数1.10。

四、干、湿土的划分，应根据地质勘测资料以地下常水位为准划分，常水位以上为干土，以下为湿土。干、湿土处于同一开挖地时应分别计算，但使用定额时按挖土全深计算。

五、人工挖土方、沟槽、基坑需放坡时，应按施工组织设计的规定，如无规定需要放坡时，可按下表计算。

1. 放坡系数表

土壤类别	放坡起点(m)	人工挖土	机械挖土	
			在坑内作业	在坑上作业
Ⅰ、Ⅱ类土(松土)	1.20	1:0.50	1:0.33	1:0.75
Ⅲ类土(普通土)	1.50	1:0.33	1:0.25	1:0.67
Ⅳ类土(硬土)	2.00	1:0.25	1:0.10	1:0.33

2. 在同一槽、坑或沟内，如遇不同类别的土壤时，应根据地质勘测资料分别计算，其坡度系数，可按各类土壤的坡度系数与各类土壤占其全部深度的百分比加权计算。

六、回填土按夯填和松填分别以 m³ 计算。

回填土体积 = 挖土体积 - 设计线路标高以下埋设的砌筑物体积

七、余土或取土的工程量可按下式计算：

余土外运体积＝挖土总体积－回填土总体积

式中计算结果为正值时为余土外运体积，负值时为需取土体积。

八、石方一般开挖按图示尺寸以 m^3 计算。

九、石方沟槽和基坑开挖，按图示尺寸加允许超挖量以 m^3 计算；允许超挖量等于被开挖的坡面积乘以允许超挖厚度，允许超挖厚度：次坚岩为20cm，坚岩为15cm。

十、运距应根据施工组织设计规定计算，如无施工组织设计时，按下列方法计算：

1. 推土机运距，按挖方区重心至填方区重心之间直线距离计算。

2. 装载机运距，按挖方区重心至卸土区重心加转向距离计算。

3. 自卸汽车运土，按挖方区重心至填方区重心之间，每一次循环行驶距离的平均值计算。

十一、修整路拱按图示尺寸的路拱底面宽度乘以路拱延伸长度计算，以 m^2 为单位。

十二、路床(槽)整形按下口底宽乘以延伸长度计算，以 m^2 为单位。

一、伐树、挖根、除草

工作内容:1. 伐树:锯(砍)倒、断枝、截断、将枝干运出路基以外、场地清理。2. 挖根:挖土、起树根及竹(芦)根、运出路基以外。3. 除草:割草、将草皮连根挖起、推出路基以外、场地清理。

定　额　编　号			5-1-1	5-1-2	5-1-3	5-1-4	5-1-5	5-1-6
项　　目			清理灌木林		伐乔木			
			100 棵以内	100 棵以上	锯口直径(cm 以内)			
					20	40	60	80
单　　　　位			100m²	100m²	100 棵	100 棵	100 棵	100 棵
基　　价　(元)			**160.80**	**344.40**	**221.60**	**344.40**	**641.60**	**1049.60**
其中	人　工　费　(元)		160.80	344.40	221.60	344.40	641.60	1049.60
	材　料　费　(元)		—	—	—	—	—	—
	机　械　费　(元)		—	—	—	—	—	—
名　　称	单位	单价(元)	消	耗		量		
人工 综合工日	工日	40.00	4.02	8.61	5.54	8.61	16.04	26.24

注:1. 灌木系指直径为 10cm 以下的小树。2. 伐乔木锯口以根部离地面 20cm 为准。

工作内容: 1. 伐树:锯(砍)倒、断枝、截断、将枝干运出路基以外、场地清理。2. 挖根:挖土、起树根及竹(芦)根、运出路基以外。3. 除草:割草、将草皮连根挖起、推出路基以外、场地清理。

单位:100 棵

定　额　编　号				5-1-7	5-1-8	5-1-9	5-1-10	5-1-11	5-1-12
项　　目				伐乔木	挖树根				
				锯口直径(cm 以内)					
				100	20	40	60	80	100
基　　　价　(元)				**1912.80**	**495.20**	**2198.00**	**3606.40**	**8022.80**	**13662.00**
其中	人　工　费　(元)			1912.80	495.20	2198.00	3606.40	8022.80	13662.00
	材　料　费　(元)			-	-	-	-	-	-
	机　械　费　(元)			-	-	-	-	-	-
名　　称		单位	单价(元)	消　　　耗　　　量					
人工	综合工日	工日	40.00	47.82	12.38	54.95	90.16	200.57	341.55

注: 1. 灌木系指直径为10cm 以下的小树。2. 伐乔木锯口以根部离地面20cm 为准。

工作内容:1.伐树:锯(砍)倒、断枝、截断、将枝干运出路基以外、场地清理。2.挖根:挖土、起树根及竹(芦)根、运出路基以外。3.除草:割草、将草皮连根挖起、推出路基以外、场地清理。

定 额 编 号				5-1-13	5-1-14	5-1-15	5-1-16	5-1-17	5-1-18	5-1-19
项 目				挖竹(芦)根			人工割草	推土机推除草皮		
				土壤类别				(kW 以内)		
				松土	普通土	硬土	挖草皮	90	105	135
单 位				100m³	100m³	100m³	1000m²	1000m²	1000m²	1000m²
基 价 (元)				**1116.80**	**1599.20**	**2242.00**	**902.80**	**263.34**	**240.11**	**270.21**
其中	人 工 费 (元)			1116.80	1599.20	2242.00	902.80	–	–	–
	材 料 费 (元)			–	–	–	–	–	–	–
	机 械 费 (元)			–	–	–	–	263.34	240.11	270.21
名 称	单位	单价(元)		消 耗 量						
人工	综合工日	工日	40.00	27.92	39.98	56.05	22.57	–	–	–
机械	履带式推土机 90kW	台班	883.68	–	–	–	–	0.298	–	–
	履带式推土机 105kW	台班	909.51	–	–	–	–	–	0.264	–
	履带式推土机 135kW	台班	1222.69	–	–	–	–	–	–	0.221

注:1.灌木系指直径为10cm以下的小树。2.伐乔木锯口以根部离地面20cm为准。

二、人工挖淤泥、流砂

工作内容: 挖装淤泥、流砂。

定 额 编 号				5-1-20	5-1-21	5-1-22
项 目				挖普通淤泥	挖稀质淤泥	挖流砂
基 价（元）				**2534.40**	**2661.20**	**3276.00**
其中	人 工 费 （元）			2534.40	2661.20	3276.00
	材 料 费 （元）			－	－	－
	机 械 费 （元）			－	－	－
	名 称	单位	单价（元）	消	耗	量
人工	综合工日	工日	40.00	63.36	66.53	81.90

注: 1.普通淤泥:系指水量较大、粘锹、粘筐、行走陷脚。2.稀质淤泥:系指水量超过饱和状态、成糊状。3.流砂:具有较缓流动性的砂。4.不包括排水。

三、场地平整及碾压

工作内容: 1.场地平整:挖填高度在±30cm以内的挖填、找平。2.原土压实:压实平整。3.填土碾压:平整、洒水、碾压、工作面内的排水。
4.回填土:5m以内取土、铺平、回填夯实。

定　额　编　号			5-1-23	5-1-24	5-1-25	5-1-26	5-1-27	5-1-28
项　　　　　目			场地平整	原土压实	填土碾压		回填土	
					压实系数90%以内	压实系数90%以上	松填	夯填
单　　　　　位			1000m²	1000m²	1000m³	1000m³	100m³	100m³
基　　　价　（元）			**497.93**	**188.94**	**3309.64**	**4403.26**	**282.80**	**792.00**
其中	人　工　费　（元）		72.00	72.00	216.00	216.00	282.80	792.00
	材　料　费　（元）		–	–	62.40	62.40	–	–
	机　械　费　（元）		425.93	116.94	3031.24	4124.86	–	–
名　　称	单位	单价（元）	消　　　　耗　　　　量					
人工 综合工日	工日	40.00	1.80	1.80	5.40	5.40	7.07	19.80
材料 水	m³	4.00	–	–	15.600	15.600	–	–
机械 光轮压路机（内燃）15t	台班	549.01	–	0.213	4.335	6.061	–	–
履带式推土机90kW	台班	883.68	0.482	–	0.390	0.543	–	–
洒水车4000L	台班	417.24	–	–	0.663	0.663	–	–
其他机械费	%	–	–	–	1.000	1.000	–	–

四、人工挖土方

工作内容:挖土、装土、修整底边。

单位:100m³

定 额 编 号			5-1-29	5-1-30	5-1-31	5-1-32	5-1-33	5-1-34	5-1-35	5-1-36	5-1-37
项 目			松土			普通土			硬土		
			挖土深度(m以内)								
			2	4	6	2	4	6	2	4	6
基 价 (元)			**604.80**	**941.60**	**1266.00**	**958.40**	**1294.80**	**1619.60**	**1417.60**	**1754.40**	**2079.20**
其 中	人 工 费 (元)		604.80	941.60	1266.00	958.40	1294.80	1619.60	1417.60	1754.40	2079.20
	材 料 费 (元)		-	-	-	-	-	-	-	-	-
	机 械 费 (元)		-	-	-	-	-	-	-	-	-
名 称	单位	单价(元)	消 耗 量								
人工 综合工日	工日	40.00	15.12	23.54	31.65	23.96	32.37	40.49	35.44	43.86	51.98

五、人工挖沟槽

工作内容:挖沟槽、抛土于沟槽边1m以外或装土、修整底边。

单位:100m³

定 额 编 号			5-1-38	5-1-39	5-1-40	5-1-41	5-1-42	5-1-43	5-1-44	5-1-45	5-1-46
项 目			松土			普通土			硬土		
			挖土深度(m以内)								
			2	4	6	2	4	6	2	4	6
基 价 (元)			810.00	1094.00	1372.40	1362.00	1604.80	1848.80	1996.80	2187.20	2381.20
其 中	人 工 费 (元)		810.00	1094.00	1372.40	1362.00	1604.80	1848.80	1996.80	2187.20	2381.20
	材 料 费 (元)		–	–	–	–	–	–	–	–	–
	机 械 费 (元)		–	–	–	–	–	–	–	–	–
名 称	单位	单价(元)	消 耗 量								
人工 综合工日	工日	40.00	20.25	27.35	34.31	34.05	40.12	46.22	49.92	54.68	59.53

注:挖沟槽,若一面抛土槽宽超过1.5m,则定额乘以1.15系数。

六、人工挖基坑

工作内容:挖基坑、抛土于基坑边 1m 以外或装土、修整底边。

单位:100m³

定 额 编 号			5-1-47	5-1-48	5-1-49	5-1-50	5-1-51	5-1-52	5-1-53	5-1-54	5-1-55
项 目			松土			普通土			硬土		
			挖土深度(m 以内)								
			2	4	6	2	4	6	2	4	6
基 价 (元)			906.00	1157.60	1462.00	1529.60	1744.40	2027.60	2248.40	2402.00	2659.20
其中	人 工 费 (元)		906.00	1157.60	1462.00	1529.60	1744.40	2027.60	2248.40	2402.00	2659.20
	材 料 费 (元)		—	—	—	—	—	—	—	—	—
	机 械 费 (元)		—	—	—	—	—	—	—	—	—
名 称	单位	单价(元)	消 耗 量								
人工 综合工日	工日	40.00	22.65	28.94	36.55	38.24	43.61	50.69	56.21	60.05	66.48

七、电动葫芦提升基坑石、石方

工作内容:1.将土或石碴装入罐内。2.电动葫芦将土或石碴提升出基坑外。3.卸土或石碴并归堆。4.移动摇头或扒杆。

单位:100m³

定 额 编 号			5-1-56	5-1-57	5-1-58	5-1-59	5-1-60	5-1-61	5-1-62
项 目			基坑深(m以内)						
			3				6		
			松土	普通土	硬土	石碴	松土	普通土	硬土
基 价(元)			**446.66**	**592.09**	**758.39**	**1136.15**	**466.31**	**613.00**	**779.30**
其 中	人 工 费(元)		204.00	204.00	204.00	273.20	204.00	204.00	204.00
	材 料 费(元)		–	–	–	–	–	–	–
	机 械 费(元)		242.66	388.09	554.39	862.95	262.31	409.00	575.30
名 称	单位	单价(元)	消	耗		量			
人工 综合工日	工日	40.00	5.10	5.10	5.10	6.83	5.10	5.10	5.10
机械 电动葫芦2t	台班	37.27	6.511	10.413	14.875	23.154	7.038	10.974	15.436

工作内容: 1.将土或石碴装入罐内。2.电动葫芦将土或石碴提升出基坑外。3.卸土或石碴并归堆。4.移动摇头或扒杆。

单位:100m³

定 额 编 号			5-1-63	5-1-64	5-1-65	5-1-66	5-1-67
项 目			基坑深(m以内)				
			6	10			
			石碴	松土	普通土	硬土	石碴
基 价 (元)			**1163.10**	**491.02**	**640.88**	**809.41**	**1195.41**
其 中	人 工 费 (元)		273.20	204.00	204.00	204.00	273.20
	材 料 费 (元)		—	—	—	—	—
	机 械 费 (元)		889.90	287.02	436.88	605.41	922.21
名 称	单位	单价(元)	消	耗		量	
人工 综合工日	工日	40.00	6.83	5.10	5.10	5.10	6.83
机械 电动葫芦2t	台班	37.27	23.877	7.701	11.722	16.244	24.744

八、人工挖公路路槽

工作内容:挂线、挖槽、整平及取土或弃土。

单位:1000m²

定　额　编　号			5-1-68	5-1-69	5-1-70	5-1-71	5-1-72	5-1-73
项　　　目			松土		普通土		硬土	
			挖深15cm	每增减1cm	挖深15cm	每增减1cm	挖深15cm	每增减1cm
基　　　　　价　（元）			**1069.20**	**39.60**	**1465.20**	**63.20**	**1980.00**	**102.80**
其 中	人　工　费　（元）		1069.20	39.60	1465.20	63.20	1980.00	102.80
	材　料　费　（元）		-	-	-	-	-	-
	机　械　费　（元）		-	-	-	-	-	-
名　　称	单位	单价（元）	消　　　　　耗			量		
人工 综合工日	工日	40.00	26.73	0.99	36.63	1.58	49.50	2.57

注:路槽厚度按路面边缘厚度计算。

九、人工培公路路肩

工作内容: 挂线、挖装运土、培填夯实。

单位:1000m²

定　额　编　号			5-1-74	5-1-75	5-1-76	5-1-77	5-1-78	5-1-79
项　目			松土		普通土		硬土	
			厚度15cm	每增减1cm	厚度15cm	每增减1cm	厚度15cm	每增减1cm
基　　价　（元）			**1821.60**	**55.60**	**2415.60**	**79.20**	**3207.60**	**102.80**
其中	人　工　费　（元）		1821.60	55.60	2415.60	79.20	3207.60	102.80
	材　料　费　（元）		－	－	－	－	－	－
	机　械　费　（元）		－	－	－	－	－	－
名　　称	单位	单价(元)	消　　　　　耗　　　　　量					
人工	综合工日	工日	40.00	45.54	1.39	60.39	1.98	80.19	2.57

十、人工挖土质台阶

工作内容:划线挖土、台阶宽度不小于1m、将土抛至填方处。 单位:1000m²

定 额 编 号			5-1-80	5-1-81	5-1-82	5-1-83	5-1-84	5-1-85	5-1-86	5-1-87	5-1-88
项 目			松土			普通土			硬土		
			地面横坡								
			1:3以下	1:3～1:2	1:2以上	1:3以下	1:3～1:2	1:2以上	1:3以下	1:3～1:2	1:2以上
基 价 (元)			**581.20**	**871.20**	**1270.40**	**1146.00**	**1718.80**	**2506.40**	**1758.80**	**2637.20**	**3846.00**
其中	人 工 费 (元)		581.20	871.20	1270.40	1146.00	1718.80	2506.40	1758.80	2637.20	3846.00
	材 料 费 (元)		-	-	-	-	-	-	-	-	-
	机 械 费 (元)		-	-	-	-	-	-	-	-	-
名 称	单位	单价(元)	消 耗 量								
人工 综合工日	工日	40.00	14.53	21.78	31.76	28.65	42.97	62.66	43.97	65.93	96.15

注:适用于地面横坡大于1:5,工程量按挖后台阶水平面积计算。

十一、人工挖截水沟、边沟

工作内容: 1.截水沟:放线、开沟、将土抛在沟内侧1m外,并筑成挡水埝,挂线整修。2.边沟:放线、挖沟、将土抛于沟边1m外,挂线整修沟边坡及底。

单位:100m³

定 额 编 号				5-1-89	5-1-90	5-1-91	5-1-92	5-1-93	5-1-94
项 目				挖截水沟			挖边沟		
				松土	普通土	硬土	松土	普通土	硬土
基 价 (元)				**784.00**	**1132.40**	**1714.80**	**629.60**	**934.40**	**1488.80**
其 中	人 工 费 (元)			784.00	1132.40	1714.80	629.60	934.40	1488.80
	材 料 费 (元)			-	-	-	-	-	-
	机 械 费 (元)			-	-	-	-	-	-
名 称		单位	单价(元)	消	耗		量		
人工	综合工日	工日	40.00	19.60	28.31	42.87	15.74	23.36	37.22

十二、路基盲沟

工作内容：1. 挖盲沟坑。2. 填料。3. 干砌片石方洞或安置陶管。4. 铺草皮。5. 填黏土并洒水夯实。6. 将废土运出路基以外并加以整理。7. 料石的选择及捶修。

单位：10m

定 额 编 号			5-1-95	5-1-96	5-1-97
项 目			用砂石料砌筑的盲沟	带有石方洞的盲沟	带有陶管的盲沟
			断面尺寸（cm×cm）		
			80×100	100×150	80×150
基 价 （元）			**752.35**	**1944.75**	**1513.35**
其中	人 工 费 （元）		336.40	637.60	487.20
	材 料 费 （元）		415.95	1307.15	1026.15
	机 械 费 （元）		—	—	—
名 称	单位	单价(元)	消	耗	量
人工 综合工日	工日	40.00	8.41	15.94	12.18
材料 黏土	m³	20.00	2.670	3.340	2.670
砾石 60mm	m³	45.00	5.710	7.750	9.070
片石	m³	45.00	—	4.880	—
草皮	m²	12.00	8.800	56.000	8.800
陶管 8×100cm	m	45.00	—	—	10.200

十三、人工修整边坡及路基面

工作内容: 挂线、修整、拍平、取土弃土。

单位:1000m²

定 额 编 号			5-1-98	5-1-99	5-1-100	5-1-101	5-1-102
项 目			路基面平整	路堤边坡	路堑边坡		
					松土	普通土	硬土
基 价 (元)			**384.00**	**792.00**	**460.40**	**694.40**	**1070.40**
其中	人 工 费 (元)		384.00	792.00	460.40	694.40	1070.40
	材 料 费 (元)		–	–	–	–	–
	机 械 费 (元)		–	–	–	–	–
名 称	单位	单价(元)	消	耗	量		
人工 综合工日	工日	40.00	9.60	19.80	11.51	17.36	26.76

十四、路床(槽)整形

工作内容:放样、挖高填低、铲填、找平、路床碾压检验、推土机平整、人工配合处理机械碾压不到之处。　　　　　　　　　单位:100m²

定　额　编　号			5-1-103	5-1-104	5-1-105	5-1-106
项　　目			路床碾压检验		人行道整形碾压	
			人工操作	机械操作	人工操作	机械操作
基　　价　(元)			**208.87**	**149.88**	**94.72**	**63.84**
其 中	人　工　费　(元)		82.00	6.80	63.20	－
	材　料　费　(元)		－	－	－	－
	机　械　费　(元)		126.87	143.08	31.52	63.84
名　　　称	单位	单价(元)	消　　　耗　　　量			
人 工	综合工日	工日	40.00	2.05	0.17	1.58	－
机 械	振动压路机 12t	台班	808.11	0.157	0.118	0.039	0.079
	履带式推土机 90kW	台班	883.68		0.054		

十五、修整路拱

工作内容:挂线、铲挖、铲填、修整、铺平成拱、10m内取土或弃土。

单位:100m²

定　额　编　号			5-1-107	5-1-108	5-1-109	5-1-110	5-1-111	5-1-112
项　　　目			挖路拱深(cm)					
			5			10		
			一、二类土	三类土	四类土	一、二类土	三类土	四类土
基　　　价　（元）			**139.20**	**220.00**	**282.80**	**172.00**	**304.40**	**408.40**
其中	人　工　费　（元）		139.20	220.00	282.80	172.00	304.40	408.40
	材　料　费　（元）		—	—	—	—	—	—
	机　械　费　（元）		—	—	—	—	—	—
名　　　称	单位	单价(元)	消　　　　　　耗　　　　　　量					
人工 综合工日	工日	40.00	3.48	5.50	7.07	4.30	7.61	10.21

注:中线挖、填土深度超过15cm者,土方量另计。

工作内容:挂线、铲挖、铲填、修整、铺平成拱、10m 内取土或弃土。 单位:100m²

定 额 编 号			5-1-113	5-1-114	5-1-115	5-1-116	5-1-117	5-1-118
项 目			挖路拱深(cm)			填路拱高(cm)		
			15			5		
			一、二类土	三类土	四类土	一、二类土	三类土	四类土
基 价 （元）			**220.00**	**393.20**	**523.20**	**95.20**	**116.00**	**147.20**
其中	人 工 费 （元）		220.00	393.20	523.20	95.20	116.00	147.20
	材 料 费 （元）		-	-	-	-	-	-
	机 械 费 （元）		-	-	-	-	-	-
名 称	单位	单价(元)	消		耗		量	
人工 综合工日	工日	40.00	5.50	9.83	13.08	2.38	2.90	3.68

注:中线挖、填土深度超过 15cm 者,土方量另计。

工作内容:挂线、铲挖、铲填、修整、铺平成拱、10m内取土或弃土。 单位:100m²

定 额 编 号			5-1-119	5-1-120	5-1-121	5-1-122	5-1-123	5-1-124
项 目			填路拱高(cm)					
			10			15		
			一、二类土	三类土	四类土	一、二类土	三类土	四类土
基 价 (元)			**156.40**	**184.80**	**220.00**	**252.80**	**297.20**	**357.60**
其中	人 工 费 (元)		156.40	184.80	220.00	252.80	297.20	357.60
	材 料 费 (元)		–	–	–	–	–	–
	机 械 费 (元)		–	–	–	–	–	–
名 称	单位	单价(元)	消 耗 量					
人工 综合工日	工日	40.00	3.91	4.62	5.50	6.32	7.43	8.94

注:中线挖、填土深度超过15cm者,土方量另计。

十六、石方一般开挖

1. 中深孔爆破

工作内容:1.选孔位,钻孔,清孔,吹孔。2.爆破材料的检查领运。3.炮孔的检查,清理,装药,堵塞炮孔,放炮,安全警戒。4.检查爆破效果,处理盲炮,余料退库。5.断面修整及大块二次破碎。6.修理钢钎钻头。

单位:100m³

定 额 编 号			5-1-125	5-1-126	5-1-127	5-1-128
岩 石 硬 度 （ *f* ）			软岩	次坚岩	普坚岩	特坚石
基 价 （元）			**436.09**	**618.01**	**851.84**	**1204.78**
其中	人 工 费 （元）		27.20	40.40	62.80	106.80
	材 料 费 （元）		349.57	487.79	650.06	892.86
	机 械 费 （元）		59.32	89.82	138.98	205.12
名 称	单位	单价(元)	消	耗		量
人工 人工	工日	40.00	0.68	1.01	1.57	2.67
材料 乳化炸药2号	kg	7.36	36.844	48.325	62.441	84.295
非电毫秒管15m脚线	个	7.18	5.175	7.550	10.550	14.240
潜孔钻钻头 φ115	个	1200.00	0.011	0.023	0.033	0.049
潜孔钻钻杆 φ76mm(3m)	根	1000.00	0.004	0.007	0.012	0.018
潜孔钻冲击器 HD45	套	7500.00	0.002	0.004	0.006	0.009
合金钻头 φ38	个	30.00	0.053	0.091	0.131	0.202
中空六角钢	kg	10.00	0.060	0.101	0.147	0.234
其他材料费	%	–	2.000	2.000	2.000	2.000
机械 潜孔钻机 CM351	台班	661.85	0.047	0.071	0.122	0.183
凿岩机 气腿式	台班	195.17	0.088	0.151	0.218	0.336
风动锻钎机	台班	296.77	0.002	0.005	0.007	0.011
磨钎机	台班	60.61	0.021	0.035	0.046
履带式推土机 90kW	台班	883.68	0.011	0.012	0.013	0.014

2. 浅孔爆破

工作内容:1.布置孔位,钻孔,清孔,吹孔,验孔。2.爆破材料的检查领运。3.装药,填塞,连接网路,警戒,起爆。4.爆后检查,处理盲炮,余料退库。5.大块二次破碎。6.修理合金钻头。

单位:100m³

定 额 编 号				5-1-129	5-1-130	5-1-131	5-1-132
项 目				岩石类别			
				软岩	次坚岩	普坚岩	特坚石
基 价 (元)				**729.35**	**1131.54**	**1590.78**	**2568.65**
其中	人 工 费 (元)			104.40	186.40	303.20	518.00
	材 料 费 (元)			317.64	392.99	475.94	672.60
	机 械 费 (元)			307.31	552.15	811.64	1378.05
名 称		单位	单价(元)	消 耗 量			
人工	综合工日	工日	40.00	2.61	4.66	7.58	12.95
材料	乳化炸药2号	kg	7.36	27.000	31.000	35.000	48.000
	非电毫秒管	个	1.94	25.370	30.850	38.100	48.000
	塑料导爆管	m	0.36	76.110	92.550	114.300	144.000
	合金钻头 φ38	个	30.00	0.871	1.554	2.274	3.866
	中空六角钢	kg	10.00	0.994	1.734	2.573	4.519
	其他材料费	%	–	2.000	2.000	2.000	2.000
机械	凿岩机 气腿式	台班	195.17	1.451	2.589	3.791	6.476
	风动锻钎机	台班	296.77	0.040	0.086	0.118	0.203
	磨钎机	台班	60.61	0.202	0.352	0.606	0.889

十七、沟槽石方开挖

工作内容：1. 布置孔位，钻孔，清孔，吹孔，验孔。2. 爆破材料的检查领运。3. 装药，填塞，连接网路，警戒，起爆。4. 爆后检查，处理盲炮，余料退库。5. 大块二次破碎。6. 修理合金钻头。

单位：100m³

定　额　编　号			5-1-133	5-1-134	5-1-135	5-1-136
项　　　目			底宽1m以内			
			软岩	次坚岩	普坚岩	特坚石
基　　　价　（元）			**8784.70**	**12080.76**	**16986.08**	**21941.15**
其中	人　工　费　（元）		1620.00	1800.00	2160.00	2700.00
	材　料　费　（元）		4265.05	5408.25	6920.96	8702.66
	机　械　费　（元）		2899.65	4872.51	7905.12	10538.49
名　　　称	单位	单价（元）	消　　耗　　量			
人工 综合工日	工日	40.00	40.50	45.00	54.00	67.50
材料 乳化炸药2号	kg	7.36	178.686	225.234	283.140	354.357
非电毫秒管	个	1.94	802.520	931.670	1085.520	1237.780
塑料导爆管	m	0.36	1203.780	1397.510	1628.280	1856.670
合金钻头 φ38	个	30.00	13.716	19.908	28.998	42.354
中空六角钢	kg	10.00	21.258	30.861	44.946	65.646
高压胶皮风管 1″×18×6	m	34.00	1.503	2.556	4.122	5.535
高压胶皮水管 3/4″×18×6	m	34.00	2.466	4.185	6.741	9.063
料 水	m³	4.00	29.259	49.725	80.127	107.712
其他材料费	%	—	2.000	2.000	2.000	2.000
机 凿岩机 气腿式	台班	195.17	13.680	23.247	37.458	50.355
风动锻钎机	台班	296.77	0.423	0.621	1.180	1.314
械 磨钎机	台班	60.61	1.719	2.493	4.030	5.292

工作内容:1.布置孔位,钻孔,清孔,吹孔,验孔。2.爆破材料的检查领运。3.装药,填塞,连接网路,警戒,起爆。4.爆后检查,处理盲炮,余料退库。5.大块二次破碎。6.修理合金钻头。7.撬移翻磴至沟槽上口地面1m以外。

单位:100m³

定 额 编 号			5-1-137	5-1-138	5-1-139	5-1-140
项 目			底宽3m以内			
			软岩	次坚岩	普坚岩	特坚石
基 价 (元)			**2752.73**	**3800.23**	**5295.47**	**6806.56**
其中	人 工 费 (元)		828.00	936.00	1152.00	1368.00
	材 料 费 (元)		1089.43	1446.51	1871.10	2372.39
	机 械 费 (元)		835.30	1417.72	2272.37	3066.17
名 称	单位	单价(元)	消 耗 量			
人工 综合工日	工日	40.00	20.70	23.40	28.80	34.20
材料 乳化炸药2号	kg	7.36	60.894	76.797	96.579	120.645
非电毫秒管	个	1.94	164.110	190.600	222.160	252.870
塑料导爆管	m	0.36	147.700	285.900	333.240	379.310
合金钻头 φ38	个	30.00	3.861	5.607	8.154	11.871
中空六角钢	kg	10.00	5.985	8.694	12.636	18.396
高压胶皮风管 1″×18×6	m	34.00	0.432	0.747	1.206	1.620
高压胶皮水管 3/4″×18×6	m	34.00	0.711	1.224	1.971	2.646
水	m³	4.00	8.451	14.517	23.409	31.419
其他材料费	%	−	2.000	2.000	2.000	2.000
机械 凿岩机 气腿式	台班	195.17	3.951	6.786	10.944	14.688
风动锻钎机	台班	296.77	0.117	0.171	0.252	0.369
磨钎机	台班	60.61	0.486	0.702	1.017	1.485

十八、基坑石方开挖

工作内容: 1.布置孔位,钻孔,清孔,吹孔,验孔。2.爆破材料的检查领运。3.装药,填塞,连接网路,警戒,起爆。4.爆后检查,处理盲炮,余料退库。5.大块二次破碎。6.修理合金钻头。7.撬移翻碴至基坑上口地面1m以外。　　　　　　　　单位:100m³

定　额　编　号			5-1-141	5-1-142	5-1-143	5-1-144
项　目			坑口 4m² 以内			
			软岩	次坚岩	普坚岩	特坚石
基　价　(元)			**5329.32**	**8685.39**	**13705.83**	**17965.28**
其中	人　工　费　(元)		1800.00	2361.60	3168.00	3618.00
	材　料　费　(元)		2080.86	3175.77	4868.69	6177.62
	机　械　费　(元)		1448.46	3148.02	5669.14	8169.66
名　称	单位	单价(元)	消　　耗　　量			
人工 综合工日	工日	40.00	45.00	59.04	79.20	90.45
材料 乳化炸药2号	kg	7.36	104.620	166.260	229.320	292.340
非电毫秒管	个	1.94	332.990	487.440	623.120	723.770
塑料导爆管	m	0.36	499.490	231.160	934.670	1085.660
合金钻头 φ38	个	30.00	7.010	12.830	24.550	30.480
中空六角钢	kg	10.00	10.860	19.890	30.160	47.250
高压胶皮风管 1″×18×6	m	34.00	0.750	1.660	2.990	4.320
高压胶皮水管 3/4″×18×6	m	34.00	1.220	2.710	4.910	7.070
水	m³	4.00	14.590	32.150	58.350	83.940
其他材料费	%	－	2.000	2.000	2.000	2.000
机械 凿岩机 气腿式	台班	195.17	6.822	15.030	27.279	39.240
风动锻钎机	台班	296.77	0.216	0.396	0.639	0.945
磨钎机	台班	60.61	0.873	1.602	2.565	3.807

工作内容: 1.布置孔位,钻孔,清孔,吹孔,验孔。2.爆破材料的检查领运。3.装药,填塞,连接网路,警戒,起爆。4.爆后检查,处理盲炮,余料退库。5.大块二次破碎。6.修理合金钻头。7.撬移翻碴至基坑上口地面1m以外。

单位:100m³

定 额 编 号			5-1-145	5-1-146	5-1-147	5-1-148
项 目			坑口 10m² 以内			
			软岩	次坚岩	普坚岩	特坚石
基 价 (元)			**3315.74**	**5407.62**	**8265.19**	**10738.44**
其中	人 工 费 (元)		1300.00	1705.60	2288.00	2613.20
	材 料 费 (元)		1210.73	1953.12	2824.90	3584.75
	机 械 费 (元)		805.01	1748.90	3152.29	4540.49
名 称	单位	单价(元)	消 耗 量			
人工 综合工日	工日	40.00	32.50	42.64	57.20	65.33
材料 乳化炸药2号	kg	7.36	65.390	103.910	143.330	182.720
非电毫秒管	个	1.94	184.990	270.800	346.180	402.100
塑料导爆管	m	0.36	277.490	406.200	519.260	603.140
合金钻头 φ38	个	30.00	3.890	7.130	13.640	16.940
中空六角钢	kg	10.00	6.040	11.050	16.760	26.250
高压胶皮风管 1″×18×6	m	34.00	0.420	0.920	1.670	2.400
高压胶皮水管 3/4″×18×6	m	34.00	0.680	1.510	2.730	3.930
水	m³	4.00	8.110	17.860	32.420	46.630
其他材料费	%	—	2.000	2.000	2.000	2.000
机械 凿岩机 气腿式	台班	195.17	3.790	8.350	15.160	21.800
风动锻钎机	台班	296.77	0.120	0.220	0.360	0.530
磨钎机	台班	60.61	0.490	0.890	1.430	2.120

工作内容:1. 布置孔位,钻孔,清孔,吹孔,验孔。2. 爆破材料的检查领运。3. 装药,填塞,连接网路,警戒,起爆。4. 爆后检查,处理盲炮,余料退库。5. 大块二次破碎。6. 修理合金钻头。7. 撬移翻碴至基坑上口地面1m以外。

单位:100m³

定 额 编 号			5-1-149	5-1-150	5-1-151	5-1-152
项 目			坑口 20m² 以内			
			软岩	次坚岩	普坚岩	特坚石
基 价 (元)			**2252.15**	**3512.14**	**5315.41**	**6993.96**
其中	人 工 费 (元)		900.00	1008.00	1260.00	1404.00
	材 料 费 (元)		788.57	1285.14	1846.56	2411.55
	机 械 费 (元)		563.58	1219.00	2208.85	3178.41
名 称	单位	单价(元)	消 耗 量			
人工 综合工日	工日	40.00	22.50	25.20	31.50	35.10
材料 乳化炸药2号	kg	7.36	47.180	75.220	104.580	133.460
非电毫秒管	个	1.94	102.680	150.790	194.300	225.920
塑料导爆管	m	0.36	154.020	226.180	291.450	338.880
合金钻头 φ38	个	30.00	2.700	4.960	7.980	11.880
中空六角钢	kg	10.00	4.190	7.680	12.370	18.410
高压胶皮风管 1″×18×6	m	34.00	0.290	0.640	1.170	1.680
高压胶皮水管 3/4″×18×6	m	34.00	0.470	1.040	1.910	2.750
水	m³	4.00	5.620	12.410	22.740	32.650
其他材料费	%	–	2.000	2.000	2.000	2.000
机械 凿岩机 气腿式	台班	195.17	2.630	5.810	10.630	15.260
风动锻钎机	台班	296.77	0.100	0.160	0.250	0.370
磨钎机	台班	60.61	0.340	0.620	0.990	1.490

十九、岩石表面平整

工作内容:1. 布置孔位,钻孔,清孔,吹孔,验孔。2. 爆破材料的检查领运。3. 装药,填塞,连接网路,警戒,起爆。4. 爆后检查,处理盲炮,余料退库。5. 修理合金钻头。

单位:100m³

定　额　编　号			5-1-153	5-1-154	5-1-155	5-1-156
项　　目			岩石分类			
			软岩	次坚岩	普坚岩	特坚石
基　　价　（元）			**3182.47**	**4370.71**	**5807.18**	**7647.69**
其中	人　工　费　（元）		1016.00	1226.00	1522.00	2030.00
	材　料　费　（元）		1643.33	2267.38	2897.54	3362.28
	机　械　费　（元）		523.14	877.33	1387.64	2255.41
名　　　　称	单位	单价(元)	消　　　耗　　　量			
人工 综合工日	工日	40.00	25.40	30.65	38.05	50.75
材料 乳化炸药2号	kg	7.36	55.490	79.030	98.030	109.400
非电毫秒管	个	1.94	334.080	417.750	481.650	544.320
塑料导爆管	m	0.36	1002.240	1253.250	1444.950	1632.960
合金钻头 φ38	个	30.00	4.500	9.000	16.500	19.450
中空六角钢	kg	10.00	2.520	5.150	7.560	13.620
高压胶皮风管 1″×18×6	m	34.00	0.210	0.350	0.560	0.760
高压胶皮水管 3/4″×18×6	m	34.00	0.340	0.570	0.920	1.250
水	m³	4.00	3.720	6.720	10.930	14.820
其他材料费	%	—	2.000	2.000	2.000	2.000
机械 凿岩机 气腿式	台班	195.17	2.290	3.940	6.280	10.360
风动锻钎机	台班	296.77	0.220	0.310	0.460	0.660
磨钎机	台班	60.61	0.180	0.270	0.420	0.620

二十、人工运土石方

工作内容:1.装土、运土、卸土。2.装石碴、运石碴、卸石碴。3.清理道路。 单位:100m³

定 额 编 号			5-1-157	5-1-158	5-1-159	5-1-160	5-1-161	5-1-162
项 目			人力运土		双(单)轮车运土		机动翻斗车运土	
			运距(m以内)					
			20	每增运10	50	每增运25	500	每增运100
基 价 （元）			**610.80**	**50.40**	**690.80**	**38.40**	**1467.60**	**70.30**
其中	人 工 费 （元）		610.80	50.40	690.80	38.40	261.20	–
	材 料 费 （元）		–	–	–	–	–	–
	机 械 费 （元）		–	–	–	–	1206.40	70.30
名 称	单位	单价(元)	消 耗 量					
人工	综合工日	工日	40.00	15.27	1.26	17.27	0.96	6.53	–
机械	机动翻斗车1t	台班	147.68	–	–	–	–	8.169	0.476

工作内容:1.装土、运土、卸土。2.装石碴、运石碴、卸石碴。3.清理道路。

单位:100m³

定 额 编 号			5-1-163	5-1-164	5-1-165	5-1-166	5-1-167	5-1-168
项 目			人力运淤泥、流砂		双(单)轮车运石		机动翻斗车运石	
			运距(m 以内)					
			20	每增运10	50	每增运25	500	每增运100
基 价 (元)			**824.80**	**84.40**	**969.20**	**94.40**	**2184.55**	**94.22**
其 中	人 工 费 (元)		824.80	84.40	969.20	94.40	628.00	–
	材 料 费 (元)		–	–	–	–	–	–
	机 械 费 (元)		–	–	–	–	1556.55	94.22
名 称	单位	单价(元)	消 耗 量					
人工 综合工日	工日	40.00	20.62	2.11	24.23	2.36	15.70	–
机械 机动翻斗车 1t	台班	147.68	–	–	–	–	10.540	0.638

二十一、人工装自卸汽车运土

工作内容:装车、运土、卸土、空回、清理场地。

单位:100m³

定　额　编　号				5-1-169	5-1-170
项　　目				运输距离	
				1km 以内	每增运 1km
基　　价　（元）				**1894.91**	**218.06**
其中	人　工　费　（元）			504.00	－
	材　料　费　（元）			－	－
	机　械　费　（元）			1390.91	218.06
名　　称		单位	单价(元)	消　　耗　　量	
人工	综合工日	工日	40.00	12.60	－
机械	自卸汽车 4t	台班	400.84	3.470	0.544

二十二、装载机挖运土

工作内容:挖土、装车或自运卸土、推土机集土和推平弃土、工作面内的排水、工地内行驶道路的维护。　　　　　单位:1000m³

定　额　编　号			5-1-171	5-1-172	5-1-173	5-1-174	5-1-175	5-1-176	5-1-177
项　　目			1m³ 装载机装车			1m³ 装载机自挖自运			每增运25m
						50m 以内			
			松土	普通土	硬土	松土	普通土	硬土	
基　　　价　　（元）			**2925.63**	**3692.50**	**4713.85**	**5320.71**	**6183.72**	**7284.75**	**378.00**
其中	人　工　费　（元）		216.00	216.00	216.00	216.00	216.00	216.00	－
	材　料　费　（元）		26.40	26.40	26.40	26.40	26.40	26.40	－
	机　械　费　（元）		2683.23	3450.10	4471.45	5078.31	5941.32	7042.35	378.00
名　　称	单位	单价（元）	消　　　　耗　　　　量						
人工	综合工日	工日	40.00	5.40	5.40	5.40	5.40	5.40	5.40	－
材料	水	m³	4.00	6.600	6.600	6.600	6.600	6.600	6.600	－
机械	轮胎式装载机 1m³	台班	658.53	2.275	3.045	3.976	5.912	6.828	7.880	0.574
	履带式推土机 90kW	台班	883.68	1.232	1.526	1.988	1.232	1.526	1.988	－
	洒水车 4000L	台班	417.24	0.231	0.231	0.231	0.231	0.231	0.231	－

工作内容: 挖土、装车或自运卸土、推土机集土和推平弃土、工作面内的排水、工地内行驶道路的维护。　　　　　　　　　　单位:1000m³

定　额　编　号			5-1-178	5-1-179	5-1-180	5-1-181	5-1-182	5-1-183	5-1-184
项　　　目			1.5m³ 装载机装车			1.5m³ 装载机自挖自运			每增运25m
						50m 以内			
			松土	普通土	硬土	松土	普通土	硬土	
基　　　　价　（元）			**2782.43**	**3334.93**	**4192.85**	**4742.16**	**5460.28**	**6374.39**	**280.90**
其 中	人　工　费　（元）		216.00	216.00	216.00	216.00	216.00	216.00	－
	材　料　费　（元）		26.40	26.40	26.40	26.40	26.40	26.40	－
	机　械　费　（元）		2540.03	3092.53	3950.45	4499.76	5217.88	6131.99	280.90
名　　称	单位	单价(元)	消		耗		量		
人工	综合工日	工日	40.00	5.40	5.40	5.40	5.40	5.40	5.40	－
材料	水	m³	4.00	6.600	6.600	6.600	6.600	6.600	6.600	
机 械	轮胎式装载机 1.5m³	台班	729.61	2.086	2.555	3.290	4.772	5.468	6.280	0.385
	履带式推土机 90kW	台班	883.68	1.043	1.281	1.645	1.043	1.281	1.645	－
	洒水车 4000L	台班	417.24	0.231	0.231	0.231	0.231	0.231	0.231	－

二十三、推土机推土或石碴

工作内容:推土、石碴、弃土碴、整平、工作面内排水。

单位:1000m³

定 额 编 号				5-1-185	5-1-186	5-1-187	5-1-188	5-1-189	5-1-190
项 目				75kW 推土机					
				推土距离				推石碴距离	
				20m 以内			每增运 10m	20m 以内	每增运 10m
				松土	普通土	硬土			
基 价 (元)				**2071.71**	**2352.07**	**2886.09**	**821.44**	**4714.06**	**1408.86**
其中	人 工 费 (元)			216.00	216.00	216.00	–	288.00	–
	材 料 费 (元)			–	–	–	–	–	–
	机 械 费 (元)			1855.71	2136.07	2670.09	821.44	4426.06	1408.86
名 称		单位	单价(元)	消 耗 量					
人工	综合工日	工日	40.00	5.40	5.40	5.40	–	7.20	–
机械	履带式推土机 75kW	台班	785.32	2.363	2.720	3.400	1.046	5.636	1.794

工作内容:推土、石碴、弃土碴、整平、工作面内排水。 单位:1000m³

定　额　编　号			5-1-191	5-1-192	5-1-193	5-1-194	5-1-195	5-1-196
项　　目			90kW 推土机					
			推土距离				推石碴距离	
			20m 以内			每增运 10m	20m 以内	每增运 10m
			松土	普通土	硬土			
基　　　价（元）			**2011.64**	**2297.07**	**2672.63**	**630.95**	**5073.13**	**1547.32**
其中	人　工　费（元）		216.00	216.00	216.00	－	288.00	－
	材　料　费（元）		－	－	－	－	－	－
	机　械　费（元）		1795.64	2081.07	2456.63	630.95	4785.13	1547.32
名　　　称	单位	单价(元)	消　　　　　耗　　　　　量					
人工	综合工日	工日	40.00	5.40	5.40	5.40	－	7.20	－
机械	履带式推土机 90kW	台班	883.68	2.032	2.355	2.780	0.714	5.415	1.751

工作内容:推土、石碴、弃土碴、整平、工作面内排水。

单位:1000m³

定　额　编　号	5-1-197	5-1-198	5-1-199	5-1-200	5-1-201	5-1-202
项　　目	105kW 推土机					
	推土距离				推石碴距离	
	20m 以内			每增运 10m	20m 以内	每增运 10m
	松土	普通土	硬土			
基　　　价　（元）	**1885.86**	**2117.79**	**2466.13**	**587.54**	**4864.65**	**1407.01**
其　中　人　工　费　（元）	216.00	216.00	216.00	－	288.00	－
材　料　费　（元）	－	－	－	－	－	－
机　械　费　（元）	1669.86	1901.79	2250.13	587.54	4576.65	1407.01

名　　称	单位	单价(元)	消　　　耗　　　量					
人工　综合工日	工日	40.00	5.40	5.40	5.40	－	7.20	－
机械　履带式推土机 105kW	台班	909.51	1.836	2.091	2.474	0.646	5.032	1.547

·45·

工作内容:推土、石碴、弃土碴、整平、工作面内排水。

单位:1000m³

定 额 编 号			5-1-203	5-1-204	5-1-205	5-1-206	5-1-207	5-1-208
项 目			135kW 推土机					
			推土距离				推石碴距离	
			20m 以内			每增运10m	20m 以内	每增运10m
			松土	普通土	硬土			
基 价 (元)			**2118.51**	**2367.93**	**2668.72**	**623.57**	**5578.58**	**1558.93**
其	人 工 费 (元)		216.00	216.00	216.00	–	288.00	–
	材 料 费 (元)		–	–	–	–	–	–
中	机 械 费 (元)		1902.51	2151.93	2452.72	623.57	5290.58	1558.93
名 称	单位	单价(元)	消		耗		量	
人工 综合工日	工日	40.00	5.40	5.40	5.40	–	7.20	–
机械 履带式推土机 135kW	台班	1222.69	1.556	1.760	2.006	0.510	4.327	1.275

工作内容:推土、石碴、弃土碴、整平、工作面内排水。   单位:1000m³

定 额 编 号			5-1-209	5-1-210	5-1-211	5-1-212	5-1-213	5-1-214
项 目			240kW 推土机					
			推土距离				推石碴距离	
			20m 以内			每增运10m	20m 以内	每增运10m
			松土	普通土	硬土			
基 价 (元)			**2249.66**	**2488.81**	**2808.92**	**640.23**	**5793.95**	**1521.48**
其中	人 工 费 (元)		216.00	216.00	216.00	–	288.00	–
	材 料 费 (元)		–	–	–	–	–	–
	机 械 费 (元)		2033.66	2272.81	2592.92	640.23	5505.95	1521.48
名 称	单位	单价(元)	消 耗 量					
人工 综合工日	工日	40.00	5.40	5.40	5.40	–	7.20	–
机械 履带式推土机 240kW	台班	1883.02	1.080	1.207	1.377	0.340	2.924	0.808

工作内容:推土、石碴、弃土碴、整平、工作面内排水。 单位:1000m³

定 额 编 号			5-1-215	5-1-216	5-1-217	5-1-218	5-1-219	5-1-220
项 目			320kW 推土机					
			推土距离				推石碴距离	
			20m 以内			每增运 10m	20m 以内	每增运 10m
			松土	普通土	硬土			
基 价 （元）			**2310.91**	**2563.75**	**2907.94**	**650.15**	**5705.88**	**1463.89**
其 中	人 工 费 （元）		216.00	216.00	216.00	–	288.00	–
	材 料 费 （元）		–	–	–	–	–	–
	机 械 费 （元）		2094.91	2347.75	2691.94	650.15	5417.88	1463.89
名 称	单位	单价(元)	消		耗		量	
人 工	综合工日	工日	40.00	5.40	5.40	5.40	–	7.20	–
机 械	履带式推土机 320kW	台班	2124.66	0.986	1.105	1.267	0.306	2.550	0.689

二十四、挖掘机挖土石碴

工作内容:1.挖土、石碴装车。2.将土、石碴堆放一边。3.清理机下余土、石碴。4.人工修理边坡和工作面内的排水。 单位:1000m³

定 额 编 号			5-1-221	5-1-222	5-1-223	5-1-224	5-1-225	5-1-226	5-1-227	5-1-228
项 目			1.25m³ 正铲装车				1.25m³ 正铲不装车			
			松土	普通土	硬土	石碴	松土	普通土	硬土	石碴
基 价 (元)			**3277.48**	**3760.65**	**4555.74**	**8280.36**	**2267.47**	**2644.81**	**3181.26**	**4887.72**
其中	人 工 费 (元)		216.00	216.00	216.00	288.00	216.00	216.00	216.00	288.00
	材 料 费 (元)		40.80	40.80	40.80	34.40	–	–	–	–
	机 械 费 (元)		3020.68	3503.85	4298.94	7957.96	2051.47	2428.81	2965.26	4599.72
名 称	单位	单价(元)	消 耗 量							
人工 综合工日	工日	40.00	5.40	5.40	5.40	7.20	5.40	5.40	5.40	7.20
材料 水	m³	4.00	10.200	10.200	10.200	8.600	–	–	–	–
机械 履带式单斗挖掘机(液压)1.25m³	台班	1228.51	1.700	1.989	2.465	3.715	1.462	1.726	2.108	3.273
履带式推土机 90kW	台班	883.68	0.850	0.995	1.233	3.668	0.289	0.349	0.425	0.655
洒水车 4000L	台班	417.24	0.434	0.434	0.434	0.366	–	–	–	–

工作内容:1.挖土、石碴装车。2.将土、石碴堆放一边。3.清理机下余土、石碴。4.人工修理边坡和工作面内的排水。 单位:1000m³

定 额 编 号				5-1-229	5-1-230	5-1-231	5-1-232	5-1-233	5-1-234	5-1-235	5-1-236
项 目				2m³ 正铲装车				2m³ 正铲不装车			
				松土	普通土	硬土	石碴	松土	普通土	硬土	石碴
基 价 (元)				**2811.26**	**3267.07**	**3968.46**	**6742.30**	**2002.54**	**2349.03**	**2853.94**	**4199.38**
其中	人 工 费 (元)			216.00	216.00	216.00	288.00	216.00	216.00	216.00	288.00
	材 料 费 (元)			40.80	40.80	40.80	34.40	–	–	–	–
	机 械 费 (元)			2554.46	3010.27	3711.66	6419.90	1786.54	2133.03	2637.94	3911.38
名 称		单位	单价(元)	消 耗 量							
人工	综合工日	工日	40.00	5.40	5.40	5.40	7.20	5.40	5.40	5.40	7.20
材料	水	m³	4.00	10.200	10.200	10.200	8.600	–	–	–	–
机械	履带式单斗挖掘机(液压) 2m³	台班	1511.21	1.207	1.437	1.794	2.601	1.054	1.258	1.556	2.312
	履带式推土机 105kW	台班	909.51	0.604	0.723	0.901	2.569	0.213	0.255	0.315	0.459
	洒水车 4000L	台班	417.24	0.434	0.434	0.434	0.366	–	–	–	–

工作内容:1.挖土、石碴装车。2.将土、石碴堆放一边。3.清理机下余土、石碴。4.人工修理边坡和工作面内的排水。 单位:1000m³

定 额 编 号			5-1-237	5-1-238	5-1-239	5-1-240
项 目			1m³ 反铲装车			
			松土	普通土	硬土	石碴
基 价 (元)			**3034.94**	**3384.87**	**4222.99**	**7863.29**
其中	人 工 费 (元)		216.00	216.00	216.00	288.00
	材 料 费 (元)		40.80	40.80	40.80	34.40
	机 械 费 (元)		2778.14	3128.07	3966.19	7540.89
名 称	单位	单价(元)	消 耗 量			
人工 综合工日	工日	40.00	5.40	5.40	5.40	7.20
材料 水	m³	4.00	10.200	10.200	10.200	8.600
机械 履带式单斗挖掘机(液压)1m³	台班	1039.58	1.768	1.989	2.564	3.864
履带式推土机 90kW	台班	883.68	0.859	0.995	1.267	3.815
洒水车 4000L	台班	417.24	0.434	0.434	0.434	0.366

工作内容:1.挖土、石碴装车。2.将土、石碴堆放一边。3.清理机下余土、石碴。4.人工修理边坡和工作面内的排水。 单位:1000m³

定 额 编 号			5-1-241	5-1-242	5-1-243	5-1-244
项 目			1m³ 反铲不装车			
			松土	普通土	硬土	石碴
基 价 （元）			**2059.50**	**2397.52**	**3126.53**	**4809.83**
其 中	人 工 费 （元）		216.00	216.00	216.00	288.00
	材 料 费 （元）		-	-	-	-
	机 械 费 （元）		1843.50	2181.52	2910.53	4521.83
名 称	单位	单价(元)	消 耗 量			
人 工	综合工日	工日	40.00	5.40	5.40	5.40	7.20
机 械	履带式单斗挖掘机(液压) 1m³	台班	1039.58	1.520	1.795	2.424	3.764
	履带式推土机 90kW	台班	883.68	0.298	0.357	0.442	0.689

工作内容:1.挖土、石碴装车。2.将土、石碴堆放一边。3.清理机下余土、石碴。4.人工修理边坡和工作面内的排水。 单位:1000m³

定 额 编 号				5-1-245	5-1-246	5-1-247	5-1-248
项 目				2m³ 反铲装车			
				松土	普通土	硬土	石碴
基 价 （元）				**3358.31**	**3918.40**	**4781.49**	**7921.04**
其 中	人 工 费 （元）			216.00	216.00	216.00	288.00
	材 料 费 （元）			40.80	40.80	40.80	34.40
	机 械 费 （元）			3101.51	3661.60	4524.69	7598.64
名 称		单位	单价（元）	消 耗 量			
人工	综合工日	工日	40.00	5.40	5.40	5.40	7.20
材料	水	m³	4.00	10.200	10.200	10.200	8.600
机 械	履带式单斗挖掘机(液压) 2m³	台班	1511.21	1.569	1.868	2.332	3.381
	履带式推土机 105kW	台班	909.51	0.604	0.723	0.901	2.569
	洒水车 4000L	台班	417.24	0.434	0.434	0.434	0.366

工作内容：1.挖土、石碴装车。2.将土、石碴堆放一边。3.清理机下余土、石碴。4.人工修理边坡和工作面内的排水。　单位：1000m³

定　额　编　号			5-1-249	5-1-250	5-1-251	5-1-252
项　　　目			2m³ 反铲不装车			
			松土	普通土	硬土	石碴
基　　　价　（元）			**2241.31**	**2634.65**	**3206.05**	**4723.77**
其中	人　工　费　（元）		216.00	216.00	216.00	288.00
	材　料　费　（元）		—	—	—	—
	机　械　费　（元）		2025.31	2418.65	2990.05	4435.77
名　　　　称	单位	单价(元)	消　　耗　　量			
人工 综合工日	工日	40.00	5.40	5.40	5.40	7.20
机械 履带式单斗挖掘机(液压) 2m³	台班	1511.21	1.212	1.447	1.789	2.659
履带式推土机 105kW	台班	909.51	0.213	0.255	0.315	0.459

工作内容:1. 挖土、石碴装车。2. 将土、石碴堆放一边。3. 清理机下余土、石碴。4. 人工修理边坡和工作面内的排水。 单位:1000m³

定 额 编 号			5-1-253	5-1-254	5-1-255	5-1-256	5-1-257	5-1-258	5-1-259	5-1-260
项 目			4m³ 电铲装车				4m³ 电铲不装车			
			松土	普通土	硬土	石碴	松土	普通土	硬土	石碴
基 价 (元)			**3853.03**	**4508.81**	**5397.36**	**8553.89**	**2914.09**	**3476.85**	**4192.46**	**5962.63**
其 中	人 工 费 (元)		216.00	216.00	216.00	288.00	216.00	216.00	216.00	288.00
	材 料 费 (元)		40.80	40.80	40.80	34.40	—	—	—	—
	机 械 费 (元)		3596.23	4252.01	5140.56	8231.49	2698.09	3260.85	3976.46	5674.63
名 称	单位	单价(元)	消 耗 量							
人 工 综合工日	工日	40.00	5.40	5.40	5.40	7.20	5.40	5.40	5.40	7.20
材 料 水	m³	4.00	10.200	10.200	10.200	8.600	—	—	—	—
机 械 履带式单斗挖掘机(电动) 4m³	台班	3406.48	0.850	1.012	1.233	1.751	0.740	0.893	1.088	1.556
履带式推土机 135kW	台班	1222.69	0.425	0.510	0.621	1.729	0.145	0.179	0.221	0.306
洒水车 4000L	台班	417.24	0.434	0.434	0.434	0.366	—	—	—	—

二十五、自卸汽车运土或石碴

工作内容:运土石方、卸土石方、空车、调头、装车。

单位:1000m³

定 额 编 号				5-1-261	5-1-262	5-1-263	5-1-264	5-1-265	5-1-266	5-1-267	5-1-268
项 目				8t 汽车							
				土方运距(km 以内)				石碴运距(km 以内)			
				1	2	3	每增运 1	1	2	3	每增运 1
基 价 (元)				7165.79	9287.92	10797.04	1464.25	12752.32	16324.79	19015.68	2518.36
其 中	人 工 费 (元)			–	–	–	–	–	–	–	–
	材 料 费 (元)			–	–	–	–	–	–	–	–
	机 械 费 (元)			7165.79	9287.92	10797.04	1464.25	12752.32	16324.79	19015.68	2518.36
名 称		单位	单价(元)	消 耗 量							
机 械	自卸汽车 8t	台班	631.96	11.339	14.697	17.085	2.317	20.179	25.832	30.090	3.985

工作内容:运土石方、卸土石方、空车、调头、装车。

单位:1000m³

定　额　编　号			5-1-269	5-1-270	5-1-271	5-1-272	5-1-273	5-1-274	5-1-275	5-1-276
项　　目			10t汽车							
			土方运距(km以内)				石碴运距(km以内)			
			1	2	3	每增运1	1	2	3	每增运1
基　　　　价　（元）			**7008.75**	**8948.12**	**10378.46**	**1354.53**	**12348.16**	**15870.94**	**18799.50**	**2461.40**
其 中	人　工　费　（元）		-	-	-	-	-	-	-	-
	材　料　费　（元）		-	-	-	-	-	-	-	-
	机　械　费　（元）		7008.75	8948.12	10378.46	1354.53	12348.16	15870.94	18799.50	2461.40
名　　　称	单位	单价(元)	消　　　　　耗　　　　　量							
机 械	自卸汽车10t	台班	722.03	9.707	12.393	14.374	1.876	17.102	21.981	26.037	3.409

工作内容:运土石方、卸土石方、空车、调头、装车。　　　　　　　　　　　　　　　单位:1000m³

定　额　编　号			5-1-277	5-1-278	5-1-279	5-1-280	5-1-281	5-1-282	5-1-283	5-1-284
项　　目			12t 汽车							
			土方运距(km 以内)				石碴运距(km 以内)			
			1	2	3	每增运1	1	2	3	每增运1
基　　　价　（元）			**6038.11**	**7739.68**	**8969.23**	**1177.78**	**11137.50**	**14159.22**	**16601.56**	**2344.90**
其 中	人　工　费（元）		–	–	–	–	–	–	–	–
	材　料　费（元）		–	–	–	–	–	–	–	–
	机　械　费（元）		6038.11	7739.68	8969.23	1177.78	11137.50	14159.22	16601.56	2344.90
名　　称	单位	单价(元)	消　　　　耗　　　　量							
机 械 自卸汽车 12t	台班	761.33	7.931	10.166	11.781	1.547	14.629	18.598	21.806	3.080

工作内容:运土石方、卸土石方、空车、调头、装车。 单位:1000m³

定 额 编 号				5-1-285	5-1-286	5-1-287	5-1-288	5-1-289	5-1-290	5-1-291	5-1-292
项 目				15t 汽车							
				土方运距(km 以内)				石碴运距(km 以内)			
				1	2	3	每增运 1	1	2	3	每增运 1
基 价 （元）				6478.74	8274.02	9595.08	1234.38	11770.93	14904.20	17508.45	2454.81
其	人 工 费 （元）			–	–	–	–	–	–	–	–
	材 料 费 （元）			–	–	–	–	–	–	–	–
中	机 械 费 （元）			6478.74	8274.02	9595.08	1234.38	11770.93	14904.20	17508.45	2454.81
名 称		单位	单价(元)	消 耗 量							
机 械	自卸汽车 15t	台班	996.27	6.503	8.305	9.631	1.239	11.815	14.960	17.574	2.464

工作内容:运土石方、卸土石方、空车、调头、装车。 单位:1000m³

定　额　编　号	5-1-293	5-1-294	5-1-295	5-1-296	5-1-297	5-1-298	5-1-299	5-1-300
项　　目	20t 汽车							
	土方运距(km 以内)				石碴运距(km 以内)			
	1	2	3	每增运1	1	2	3	每增运1
基　　　价　(元)	**6137.28**	**7744.27**	**8918.79**	**1100.08**	**11289.10**	**14101.33**	**16439.74**	**2175.34**
其　　人　工　费　(元)	–	–	–	–	–	–	–	–
材　料　费　(元)	–	–	–	–	–	–	–	–
中　机　械　费　(元)	6137.28	7744.27	8918.79	1100.08	11289.10	14101.33	16439.74	2175.34

名　　称	单位	单价(元)	消　　　　耗　　　　量							
机械　自卸汽车 20t	台班	1181.61	5.194	6.554	7.548	0.931	9.554	11.934	13.913	1.841

第二章 准轨铁路轨道铺设工程

说　　明

　　一、本章定额适应于冶金矿山总图运输铁路上部建筑工程,包括铺轨、铺道岔、铺道碴、安装防爬器和轨距杆、铺设平交道和线路等有关工程。

　　二、本章定额系按钢轨长 12.5m,钢轨重按 43kg/m 、50kg/m 进行编制的。

　　三、本章定额均包括钢轨、轨枕、零配件及所有材料的操作和工地小搬运损耗率,使用时除已说明者外,均不应调整换算。

　　四、本章定额未编入的线路铺设枕木等级,可按设计枕木等级换算。

　　五、线路铺碴定额已综合考虑了矿山铁路一般情况下直线与曲线所占比例情况,使用时不得因曲线而另计消耗。

　　六、本章定额准轨线路的铺设是按直线段考虑,曲线段部分按设计规范执行。

工程量计算规则

一、线路铺设计量均应按钢轨重量、轨枕类型、每公里轨枕根数和扣件的不同分别计算。

二、工程量计算以施工图尺寸为准，计算时不得四舍五入。

三、线路铺设长度应以坐标法计算的水平投影长度为准，但应扣除道岔长度（即岔尖到岔跟的长度），其计量单位为 km，计算结果取小数点后三位。

四、线路铺碴量按线路长度（扣除道岔长度）乘以道床断面积以 m^3 计算，结果可取整数。

一、木枕上铺轨

工作内容: 1.检配钢轨。2.挂线散枕。3.木枕打印。4.抬铺钢轨。5.散布安装配件。6.放正轨枕。
7.拨荒道等全部工作过程。

单位:km

定 额 编 号			5-2-1	5-2-2	5-2-3	5-2-4	5-2-5	5-2-6
项 目			43kg/m					
			1440	1520	1600	1680	1760	1840
基 价 （元）			**811264.99**	**831441.23**	**851611.87**	**871788.50**	**891964.34**	**920002.17**
其中	人 工 费 （元）		10720.80	11104.00	11481.60	11865.20	12248.00	13460.80
	材 料 费 （元）		800544.19	820337.23	840130.27	859923.30	879716.34	906541.37
	机 械 费 （元）		—	—	—	—	—	—
名 称	单位	单价（元）	消	耗		量		
人工 综合工日	工日	40.00	268.02	277.60	287.04	296.63	306.20	336.52
材料 钢轨 43kg/m	根	2512.00	161.280	161.280	161.280	161.280	161.280	161.280
鱼尾板 43kg	块	98.00	320.320	320.320	320.320	320.320	320.320	320.320
鱼尾螺栓带帽 43kg	套	5.30	973.440	973.440	973.440	973.440	973.440	973.440
弹簧垫圈（接头）	个	2.00	979.200	979.200	979.200	979.200	979.200	979.200
铁垫板 43kg	块	45.00	2888.640	3049.120	3209.600	3370.080	3530.560	3691.040
道钉	个	1.89	8726.400	9211.200	9696.000	10180.800	10665.600	14867.200
油浸木枕	根	145.00	1444.320	1524.560	1604.800	1685.040	1765.280	1845.520
小型机具使用费	元	1.00	168.030	168.030	168.030	168.030	168.030	168.030
其他材料费	%	—	0.103	0.103	0.103	0.103	0.103	0.103

工作内容:1. 检配钢轨。2. 挂线散枕。3. 木枕打印。4. 抬铺钢轨。5. 散布安装配件。6. 放正轨枕。
　　　　　7. 拨荒道等全部工作过程。

单位:km

定　额　编　号			5-2-7	5-2-8	5-2-9	5-2-10	5-2-11	5-2-12
项　　目			50kg/m					
			1440	1520	1600	1680	1760	1840
基　　价　（元）			**903192.16**	**923068.02**	**944309.93**	**965303.39**	**986293.96**	**1007387.21**
其中	人　工　费　（元）		12345.60	11642.80	12367.20	12782.00	13196.80	13624.40
	材　料　费　（元）		890846.56	911425.22	931942.73	952521.39	973097.16	993762.81
	机　械　费　（元）		－	－	－	－	－	－
名　　称	单位	单价(元)	消　　　　耗　　　　量					
人工 综合工日	工日	40.00	308.64	291.07	309.18	319.55	329.92	340.61
材料 钢轨 50kg/m 12.5m	根	2897.00	161.280	161.280	161.280	161.280	161.280	161.280
鱼尾板 50kg	块	138.00	320.320	320.320	320.320	320.320	320.320	320.320
鱼尾螺栓带帽 50kg	套	6.50	973.440	973.440	973.440	973.440	973.440	973.440
弹簧垫圈(接头)	个	2.00	979.200	979.200	979.200	979.200	979.200	979.200
铁垫板 50kg	块	48.00	2888.640	3049.120	3209.600	3370.080	3530.500	3691.200
道钉	个	1.89	11667.520	12313.920	12928.000	13574.400	14220.800	14907.600
油浸木枕	根	145.00	1444.320	1524.560	1604.800	1685.040	1765.280	1845.520
小型机具使用费	元	1.00	168.030	168.030	168.030	168.030	168.030	168.030
其他材料费	%	－	0.093	0.093	0.093	0.093	0.093	0.093

二、钢筋混凝土轨枕上铺轨(70型扣板式)

工作内容:1. 检配钢轨。2. 挂线散枕。3. 排摆轨枕。4. 硫磺锚固。5. 涂绝缘膏。6. 抬铺钢轨。7. 画印钻孔。8. 散布安装配件、扣件板。
9. 上油检修。10. 拨荒道等全部操作过程。

单位:km

定 额 编 号			5-2-13	5-2-14	5-2-15	5-2-16	5-2-17
项 目			43kg/m				
			1440	1520	1600	1680	1760
基 价 (元)			**762145.87**	**779334.23**	**796534.17**	**813711.31**	**830900.51**
其中	人 工 费 (元)		24569.60	25673.60	26789.60	27882.80	28988.00
	材 料 费 (元)		737576.27	753660.63	769744.57	785828.51	801912.51
	机 械 费 (元)		—	—	—	—	—
名 称	单位	单价(元)	消	耗		量	
人工 综合工日	工日	40.00	614.24	641.84	669.74	697.07	724.70
材料 钢轨 43kg/m	根	2512.00	161.280	161.280	161.280	161.280	161.280
鱼尾板 43kg	块	98.00	320.320	320.320	320.320	320.320	320.320
鱼尾螺栓带帽 43kg	套	5.30	973.440	973.440	973.440	973.440	973.440
弹簧垫圈(接头)	个	2.00	979.200	979.200	979.200	979.200	979.200
钢筋混凝土轨枕	根	100.00	1444.320	1524.560	1604.800	1685.040	1765.280
螺栓道钉带帽	套	6.80	5817.600	6140.800	6464.000	6787.200	7110.400
弹簧垫圈	个	1.10	5875.200	6201.600	6528.000	6854.400	7180.800

定　额　编　号			5-2-13	5-2-14	5-2-15	5-2-16	5-2-17
项　　目			43kg/m				
			1440	1520	1600	1680	1760
材 料	绝缘垫板	块	5.50	2888.640	3049.120	3209.600	3370.080	3530.560
	中间扣板	块	5.32	5135.360	5456.320	5777.280	6098.240	6419.200
	接头轨距挡板	块	5.60	641.920	641.920	641.920	641.920	641.920
	铁座	块	3.20	5777.280	6098.240	6419.200	6740.160	7061.120
	绝缘垫片	块	1.76	5817.600	6140.800	6464.000	6787.200	7110.400
	平垫圈	个	1.20	5875.200	6201.600	6528.000	6854.400	7180.800
	衬垫	块	2.40	2908.800	3070.400	3232.000	3393.600	3555.200
	硫磺	kg	5.00	1248.480	1317.840	1387.200	1456.560	1525.920
	水泥 42.5	kg	0.30	492.020	519.380	546.720	574.060	601.390
	细砂	m³	42.00	1.120	1.190	1.250	1.310	1.370
	石蜡	kg	5.80	38.190	40.310	42.430	44.550	46.680
	煤	t	540.00	0.720	0.760	0.800	0.840	0.880
	小型机具使用费	元	1.00	168.030	168.030	168.030	168.030	168.030
	其他材料费	%	－	0.917	0.917	0.917	0.917	0.917

工作内容: 1.检配钢轨。2.挂线散枕。3.排摆轨枕。4.硫磺锚固。5.涂绝缘膏。6.抬铺钢轨。7.画印钻孔。8.散布安装配件、扣件板。
9.上油检修。10.拨荒道等全部操作过程。

单位:km

定 额 编 号			5-2-18	5-2-19	5-2-20	5-2-21	5-2-22
项 目			50kg/m				
			1440	1520	1600	1680	1760
基 价 (元)			**838560.28**	**855754.30**	**872553.53**	**890134.97**	**907332.15**
其中	人 工 费 (元)		25108.40	26236.80	27360.80	28484.40	29614.80
	材 料 费 (元)		813451.88	829517.50	845192.73	861650.57	877717.35
	机 械 费 (元)		—	—	—	—	—
名 称	单位	单价(元)	消	耗		量	
人工 综合工日	工日	40.00	627.71	655.92	684.02	712.11	740.37
材料 钢轨 50kg/m 12.5m	根	2897.00	161.280	161.280	161.280	161.280	161.280
鱼尾板 50kg	块	138.00	320.320	320.320	320.320	320.320	320.320
鱼尾螺栓带帽 50kg	套	6.50	973.440	973.440	973.440	973.440	973.440
弹簧垫圈(接头)	个	2.00	979.200	979.200	979.200	979.200	979.200
钢筋混凝土轨枕	根	100.00	1444.320	1524.560	1604.800	1685.040	1765.280
螺栓道钉带帽	套	6.80	5817.600	6140.800	6464.000	6787.200	7110.400
弹簧垫圈	个	1.10	5875.200	6201.600	6528.000	6854.400	7180.800

定 额 编 号			5-2-18	5-2-19	5-2-20	5-2-21	5-2-22
项 目			50kg/m				
			1440	1520	1600	1680	1760
材 料	绝缘垫板	块	5.50	2888.640	3049.120	3209.600	3370.080	3530.560
	中间扣板	块	5.32	5135.360	5456.320	5777.280	6098.240	6419.200
	接头轨距挡板	块	5.60	641.920	641.920	641.920	641.920	641.920
	绝缘垫片	块	1.76	5817.600	6140.800	6464.000	6787.200	7110.400
	铁座	块	3.20	5777.280	6098.240	6419.200	6740.160	7061.120
	平垫圈	个	1.20	5875.200	6201.600	6528.000	6854.000	7180.800
	衬垫	块	2.40	2908.800	3070.400	3232.000	3393.600	3555.200
	硫磺	kg	5.00	1248.480	1317.840	1387.200	1456.560	1525.920
	水泥 42.5	kg	0.30	492.020	519.380	546.270	574.060	601.390
	石蜡	kg	5.80	38.190	40.130	42.430	44.550	46.680
	细砂	m³	42.00	1.120	1.190	1.250	1.310	1.370
	煤	t	540.00	0.720	0.760	0.080	0.840	0.880
	小型机具使用费	元	1.00	168.030	168.030	168.030	168.030	168.030
	其他材料费	%	–	0.806	0.806	0.806	0.806	0.806

三、钢筋混凝土轨枕上铺轨

工作内容:1.检配钢轨。2.挂线散枕。3.排摆轨枕。4.硫磺锚固。5.涂绝缘膏。6.抬铺钢轨。7.画印钻孔。8.散布安装配件。9.上油检
修。10.拨荒道等全部操作过程。

单位:km

定　额　编　号			5-2-23	5-2-24	5-2-25	5-2-26	5-2-27
项　　目			43kg/m				
			1520	1600	1680	1760	1840
基　　价　（元）			**787459.95**	**805093.58**	**822726.01**	**840450.86**	**858822.56**
其中	人　工　费（元）		25332.00	26417.60	27502.00	28593.60	30502.00
	材　料　费（元）		762127.95	778675.98	795224.01	811857.26	828320.56
	机　械　费（元）		－	－	－	－	－
名　称	单位	单价（元）	消　　　耗　　　量				
人工	综合工日	工日	40.00	633.30	660.44	687.55	714.84	762.55
材料	钢轨 43kg/m	根	2512.00	161.280	161.280	161.280	161.280	161.280
	鱼尾板 43kg	块	98.00	320.320	320.320	320.320	320.320	320.320
	鱼尾螺栓带帽 43kg	套	5.30	973.440	973.440	973.440	973.440	973.440
	弹簧垫圈（接头）	个	2.00	979.200	979.200	979.200	979.200	979.200
	钢筋混凝土轨枕	根	100.00	1524.560	1604.800	1685.040	1765.280	1845.520
	螺栓道钉带帽	套	6.80	6140.800	6464.000	6787.200	7110.400	7433.600
	平垫圈	个	1.20	6201.600	6528.000	6854.400	7180.800	7507.200

单位:km

定 额 编 号				5-2-23	5-2-24	5-2-25	5-2-26	5-2-27
项 目				43kg/m				
				1520	1600	1680	1760	1840
材 料	中间轨距挡板	块	5.10	5456.320	5777.280	6098.240	6419.200	6740.160
	接头轨距挡板	块	5.60	641.920	641.920	641.920	641.920	641.920
	挡板座	块	2.30	6098.240	6419.200	6740.160	7061.120	7382.080
	绝缘垫板	块	5.50	3049.120	3209.600	3370.080	3530.560	3691.040
	弹条(A型)	个	5.50	5456.320	5777.280	6098.240	6419.200	6740.160
	弹条(B型)	个	5.50	641.920	641.920	641.920	641.920	641.920
	衬垫	块	2.40	3070.400	3232.000	3393.600	3590.400	3716.800
	硫磺	kg	5.00	1317.840	1387.200	1456.560	1525.920	1595.280
	水泥42.5	kg	0.30	519.380	546.720	574.060	601.390	628.730
	细砂	m³	42.00	1.190	1.250	1.310	1.370	1.440
	石蜡	kg	5.80	40.310	42.430	44.550	46.680	48.800
	煤	t	540.00	0.760	0.800	0.840	0.880	0.920
	小型机具使用费	元	1.00	168.030	168.030	168.030	168.030	168.030
	其他材料费	%	—	0.806	0.806	0.806	0.806	0.806

工作内容: 1.检配钢轨。2.挂线散枕。3.排摆轨枕。4.硫磺锚固。5.涂绝缘膏。6.抬铺钢轨。7.画印钻孔。8.散布安装配件。9.上油检
修。10.拨荒道等全部操作过程。

单位:km

定 额 编 号			5-2-28	5-2-29	5-2-30	5-2-31	5-2-32
项 目			50kg/m				
			1520	1600	1680	1760	1840
基 价 (元)			865051.63	882723.66	900395.29	918158.94	936599.04
其中	人 工 费 (元)		26236.80	27360.80	28484.40	29614.80	31591.60
	材 料 费 (元)		838814.83	855362.86	871910.89	888544.14	905007.44
	机 械 费 (元)		—	—	—	—	—
名 称	单位	单价(元)	消	耗		量	
人工 综合工日	工日	40.00	655.92	684.02	712.11	740.37	789.79
材料 钢轨 50kg/m 12.5m	根	2897.00	161.280	161.280	161.280	161.280	161.280
鱼尾板 50kg	块	138.00	320.320	320.320	320.320	320.320	320.320
鱼尾螺栓带帽 50kg	套	6.50	973.440	973.440	973.440	973.440	973.440
弹簧垫圈(接头)	个	2.00	979.200	979.200	979.200	979.200	979.200
钢筋混凝土轨枕	根	100.00	1524.560	1604.800	1685.040	1765.280	1845.520
螺栓道钉带帽	套	6.80	6140.800	6464.000	6787.200	7110.400	7433.600
平垫圈	个	1.20	6201.600	6528.000	6854.400	7180.800	7507.200

续前

定 额 编 号				5-2-28	5-2-29	5-2-30	5-2-31	5-2-32
项 目				50kg/m				
				1520	1600	1680	1760	1840
材料	中间轨距挡板	块	5.10	5456.320	5777.280	6098.240	6419.200	6740.160
	接头轨距挡板	块	5.60	641.920	641.920	641.920	641.920	641.920
	挡板座	块	2.30	6098.240	6419.200	6740.160	7061.120	7382.080
	绝缘垫板	块	5.50	3049.120	3209.600	3370.080	3530.560	3691.040
	弹条(A型)	个	5.50	5456.320	5777.280	6098.240	6419.200	6740.160
	弹条(B型)	个	5.50	641.920	641.920	641.920	641.920	641.920
	衬垫	块	2.40	3070.400	3232.000	3393.600	3590.400	3716.800
	硫磺	kg	5.00	1317.840	1387.200	1456.560	1525.920	1595.280
	水泥 42.5	kg	0.30	519.380	546.720	574.060	601.390	628.730
	细砂	m³	42.00	1.190	1.250	1.310	1.370	1.440
	石蜡	kg	5.80	40.310	42.430	44.550	46.680	48.800
	煤	t	540.00	0.760	0.800	0.840	0.880	0.920
	小型机具使用费	元	1.00	168.030	168.030	168.030	168.030	168.030
	其他材料费	%	–	0.806	0.806	0.806	0.806	0.806

四、铺设道岔

工作内容:1.整平路基。2.散枕散轨。3.铺设岔枕。4.安装配件、上油。5.拨道整修。6.岔枕烙印。
　　7.安装扳道器等全部操作过程。

单位:组

定　额　编　号			5-2-33	5-2-34	5-2-35	5-2-36	5-2-37
项　　目			单开				
			43kg/m			50kg/m	
			7	8	9	7	8
基　　价　　(元)			**57521.15**	**63744.74**	**71494.83**	**62371.27**	**70590.69**
其中	人　工　费　(元)		990.00	1168.80	1249.20	990.00	1008.80
	材　料　费　(元)		56531.15	62575.94	70245.63	61381.27	69581.89
	机　械　费　(元)		－	－	－	－	－
名　　称	单位	单价(元)	消	耗		量	
人工	综合工日	工日	40.00	24.75	29.22	31.23	24.75	25.22
材料	单开道岔 43kg 1/7	组	40000.00	1.000	－	－	－	－
	单开道岔 43kg 1/8	组	45000.00	－	1.000	－	－	－
	单开道岔 43kg 1/9	组	50000.00	－	－	1.000	－	－
	单开道岔 50kg 1/7	组	45000.00	－	－	－	1.000	－
	单开道岔 50kg 1/8	组	52000.00	－	－	－	－	1.000
	扳道器	组	1300.00	1.000	1.000	1.000	1.000	1.000
	油浸木枕	根	145.00	4.012	－	5.015	4.012	－
	油浸岔枕	m³	2200.00	6.637	7.374	8.254	6.567	7.374
	其他材料费	%	－	0.085	0.085	0.085	0.085	0.085

工作内容:1.整平路基。2.散枕散轨。3.铺设岔枕。4.安装配件、上油。5.拨道整修。6.岔枕烙印。
7.安装扳道器等全部操作过程。

单位:组

定 额 编 号			5-2-38	5-2-39	5-2-40	5-2-41	5-2-42
项 目			单开	对称			
			50kg/m	43kg/m		50kg/m	
			9	6	9	6	9
基 价 (元)			79481.82	53822.12	68379.92	56824.16	71319.83
其中	人 工 费 (元)		1249.20	1065.60	1490.00	1065.60	1490.00
	材 料 费 (元)		78232.62	52756.52	66889.92	55758.56	69829.83
	机 械 费 (元)		—	—	—	—	—
名 称	单位	单价(元)	消	耗		量	
人工 综合工日	工日	40.00	31.23	26.64	37.25	26.64	37.25
材料	单开道岔 50kg 1/9	组	58000.00	1.000	—	—	—	—
	对称道岔 43kg 1/6	组	40000.00	—	1.000	—	—	—
	对称道岔 43kg 1/9	组	49000.00	—	—	1.000	—	—
	对称道岔 50kg 1/6	组	43000.00	—	—	—	1.000	—
	对称道岔 50kg 1/9	组	51000.00	—	—	—	—	1.000
	扳道器	组	1300.00	1.000	1.000	1.000	1.000	1.000
	油浸岔枕	m³	2200.00	8.245	5.059	7.388	5.059	7.616
	油浸木枕	根	145.00	5.015	2.006	2.006	2.006	5.015
	其他材料费	%	—	0.085	0.068	0.068	0.068	0.068

工作内容:1.整平路基。2.散枕散轨。3.铺设岔枕。4.安装配件、上油。5.拨道整修。6.岔枕烙印。
7.安装扳道器等全部操作过程。

单位:组

定 额 编 号			5-2-43	5-2-44	5-2-45	5-2-46	5-2-47	5-2-48
项 目			复式交分					
			43kg/m			50kg/m		
			7	8	9	7	8	9
基 价 (元)			**61974.98**	**69805.67**	**76737.93**	**65933.36**	**78214.51**	**94748.73**
其中	人 工 费 (元)		1967.60	2323.20	2478.40	1967.60	2323.20	2478.40
	材 料 费 (元)		60007.38	67482.47	74259.53	63965.76	75891.31	92270.33
	机 械 费 (元)		–	–	–	–	–	–
名 称	单位	单价(元)	消	耗		量		
人工 综合工日	工日	40.00	49.19	58.08	61.96	49.19	58.08	61.96
材料 复式交分道岔 43kg 1/7	组	35000.00	1.000	–	–	–	–	–
复式交分道岔 43kg 1/8	组	40000.00	–	1.000	–	–	–	–
复式交分道岔 43kg 1/9	组	43000.00	–	–	1.000	–	–	–
复式交分道岔 50kg 1/7	组	39000.00	–	–	–	1.000	–	–
复式交分道岔 50kg 1/8	组	49000.00	–	–	–	–	1.000	–
复式交分道岔 50kg 1/9	组	61000.00	–	–	–	–	–	1.000
扳道器	组	1300.00	4.000	4.000	4.000	4.000	4.000	4.000
油浸岔枕	m³	2200.00	8.987	10.110	11.825	8.967	9.839	11.825
其他材料费	%	–	0.060	0.060	0.060	0.060	0.060	0.060

工作内容:1.整平路基。2.散枕散轨。3.铺设岔枕。4.安装配件、上油。5.拨道整修。6.岔枕烙印。
7.安装扳道器等全部操作过程。

单位:组

定　额　编　号			5-2-49	5-2-50	5-2-51	5-2-52	5-2-53	5-2-54
项　　目			交叉渡线					
			43kg/m(4.5m)			50kg/m(4.5m)		
			6	7	8	6	7	8
基　　价　（元）			**208878.99**	**220161.29**	**240217.67**	**220204.92**	**242178.26**	**264701.16**
其中	人　工　费　（元）		3751.60	4163.60	4919.60	3751.60	4191.60	4919.60
	材　料　费　（元）		205127.39	215997.69	235298.07	216453.32	237986.66	259781.56
	机　械　费　（元）		－	－	－	－	－	－
名　　　称	单位	单价（元）	消	耗		量		
人工 综合工日	工日	40.00	93.79	104.09	122.99	93.79	104.79	122.99
材料 交叉渡线道岔 43kg 4.5m 1/6	组	158000.00	1.000	－	－	－	－	－
交叉渡线道岔 43kg 4.5m 1/7	组	163000.00	－	1.000	－	－	－	－
交叉渡线道岔 43kg 4.5m 1/8	组	170000.00	－	－	1.000	－	－	－
交叉渡线道岔 50kg 4.5m 1/6	组	170000.00	－	－	－	1.000	－	－
交叉渡线道岔 50kg 4.5m 1/7	组	185000.00	－	－	－	－	1.000	－
交叉渡线道岔 50kg 4.5m 1/8	组	198000.00	－	－	－	－	－	1.000
扳道器	组	1300.00	4.000	4.000	4.000	4.000	4.000	4.000
油浸木枕	根	145.00	33.099	52.156	18.054	14.042	26.078	36.108
料 油浸岔枕	m³	2200.00	16.720	18.124	25.948	17.661	19.821	23.141
其他材料费	%	－	0.168	0.168	0.168	0.168	0.168	0.168

工作内容: 1. 整平路基。2. 散枕散轨。3. 铺设岔枕。4. 安装配件、上油。5. 拨道整修。6. 岔枕烙印。
  7. 安装扳道器等全部操作过程。

单位:组

定　额　编　号				5-2-55	5-2-56	5-2-57	5-2-58
项　　　目				交叉渡线			
				43kg/m(5.0 m)			
				6	7	8	9
基　　　价　(元)				**211603.47**	**226295.46**	**238989.00**	**248294.49**
其中	人　工　费　(元)			3755.60	4166.80	4921.20	5232.00
	材　料　费　(元)			207847.87	222128.66	234067.80	243062.49
	机　械　费　(元)			—	—	—	—
名　　称		单位	单价(元)	消　　耗　　量			
人工	综合工日	工日	40.00	93.89	104.17	123.03	130.80
材料	交叉渡线道岔 43kg 5m 1/6	组	159000.00	1.000	—	—	—
	交叉渡线道岔 43kg 5m 1/7	组	165000.00	—	1.000	—	—
	交叉渡线道岔 43kg 5m 1/8	组	168000.00	—	—	1.000	—
	交叉渡线道岔 43kg 5m 1/9	组	171000.00	—	—	—	1.000
	扳道器	组	1300.00	4.000	4.000	4.000	4.000
	油浸木枕	根	145.00	42.126	43.129	35.105	35.105
	油浸岔枕	m³	2200.00	16.905	20.592	25.175	27.893
	其他材料费	%	—	0.168	0.168	0.168	0.168

工作内容:1.整平路基。2.散枕散轨。3.铺设岔枕。4.安装配件、上油。5.拨道整修。6.岔枕烙印。
　　　　7.安装扳道器等全部操作过程。

单位:组

定　额　编　号				5-2-59	5-2-60	5-2-61	5-2-62
项　　目				交叉渡线			
				50kg/m(5.0 m)			
				6	7	8	9
基　　价　（元）				**227335.49**	**250633.36**	**282432.38**	**306391.93**
其中	人　工　费　（元）			3755.60	4166.80	4921.20	5232.00
	材　料　费　（元）			223579.89	246466.56	277511.18	301159.93
	机　械　费　（元）			－	－	－	－
名　　称		单位	单价(元)	消　　耗　　　量			
人工	综合工日	工日	40.00	93.89	104.17	123.03	130.80
材料	交叉渡线道岔 50kg 5m 1/6	组	173000.00	1.000	－	－	－
	交叉渡线道岔 50kg 5m 1/7	组	189000.00	－	1.000	－	－
	交叉渡线道岔 50kg 5m 1/8	组	210000.00	－	－	1.000	－
	交叉渡线道岔 50kg 5m 1/9	组	229000.00	－	－	－	1.000
	扳道器	组	1300.00	4.000	4.000	4.000	4.000
	油浸木枕	根	145.00	26.078	34.102	44.132	35.105
	油浸岔枕	m³	2200.00	18.738	21.322	25.203	27.893
	其他材料费	%	－	0.168	0.168	0.168	0.168

五、线路铺碴

工作内容: 回填道碴、两线间填碴(包括10m运距)、起道、串锹、捣固、拨道、调整枕木间距、矫正轨距、整理道床、铺底碴(包括30m运距)。

单位:1000m³

定　额　编　号			5-2-63	5-2-64	5-2-65	5-2-66	5-2-67	5-2-68
项　　目			碎石道碴		铺混碴		线间填碴	
			木枕线路	钢筋混凝土枕线路	木枕线路	钢筋混凝土枕线路	碎石	混碴
基　　价　(元)			**77702.90**	**77702.90**	**55670.00**	**55670.00**	**73653.10**	**52222.00**
其中	人　工　费　(元)		17704.40	17704.40	16313.20	16313.20	13774.00	12904.40
	材　料　费　(元)		59998.50	59998.50	39356.80	39356.80	59879.10	39317.60
	机　械　费　(元)		–	–	–	–	–	–
名　　称	单位	单价(元)	消　　　耗　　　量					
人工 综合工日	工日	40.00	442.61	442.61	407.83	407.83	344.35	322.61
材料 碎石道碴	m³	50.00	1194.000	1194.000	–	–	1194.000	–
混碴	m³	35.00	–	–	1120.000	1120.000	–	1120.000
其他材料费	%	–	0.500	0.500	0.400	0.400	0.300	0.300

六、道岔铺碴

1. 碎石道碴

工作内容:1.人工运散道碴。2.起道填碴。3.捣固。4.拨道。5.整修(包括找平、调整枕木间距和轨距)。6.整理道床。7.均匀道碴。

单位:组

定 额 编 号			5-2-69	5-2-70	5-2-71	5-2-72	5-2-73	5-2-74
项 目			单开道岔		交叉渡线		菱形道岔	
			7~8号	9~12号	8号以下	12号以下	4号、5号	6号
基 价 (元)			**4698.73**	**5889.97**	**17203.45**	**22207.05**	**3392.81**	**4041.00**
其中	人 工 费 (元)		1780.00	2121.20	7992.40	9318.00	1382.80	1565.60
	材 料 费 (元)		2918.73	3768.77	9211.05	12889.05	2010.01	2475.40
	机 械 费 (元)		—	—	—	—	—	—
名 称	单位	单价(元)	消	耗		量		
人工	综合工日	工日	40.00	44.50	53.03	199.81	232.95	34.57	39.14
材料	碎石道碴	m³	50.00	58.200	75.150	183.670	257.010	40.080	49.360
	其他材料费	%	—	0.300	0.300	0.300	0.300	0.300	0.300

2. 混碴

工作内容: 1.人工运散道碴。2.起道填碴。3.捣固。4.拨道。5.整修(包括找平、调整枕木间距和轨距)。6.整理道床。7.均匀道碴。

单位:组

定 额 编 号			5-2-75	5-2-76	5-2-77	5-2-78	5-2-79	5-2-80
项 目			单开道岔		交叉渡线		菱形道岔	
			7~8 号	9~12 号	8 号以下	12 号以下	4 号、5 号	6 号
基 价 (元)			**2897.53**	**3643.70**	**10452.19**	**13597.82**	**2081.55**	**2488.16**
其中	人 工 费 (元)		980.80	1168.80	4403.60	5134.00	761.60	862.80
	材 料 费 (元)		1916.73	2474.90	6048.59	8463.82	1319.95	1625.36
	机 械 费 (元)		–	–	–	–	–	–
名 称	单位	单价(元)	消	耗		量		
人工 综合工日	工日	40.00	24.52	29.22	110.09	128.35	19.04	21.57
材料 混碴	m³	35.00	54.600	70.500	172.300	241.100	37.600	46.300
其他材料费	%	–	0.300	0.300	0.300	0.300	0.300	0.300

七、线路标志

工作内容:抬运、挖坑、安装、人工搅拌灌制混凝土、余土外运。

单位:100个

定 额 编 号			5-2-81	5-2-82	5-2-83	5-2-84	5-2-85	5-2-86
项 目			道口标	鸣笛标	曲线标	公里标	坡度标	警冲标
基 价 (元)			**31658.10**	**31550.90**	**15278.74**	**31566.90**	**31726.90**	**7882.74**
其中	人 工 费 (元)		747.20	640.00	480.00	656.00	816.00	320.00
	材 料 费 (元)		30910.90	30910.90	14798.74	30910.90	30910.90	7562.74
	机 械 费 (元)		–	–	–	–	–	–
名 称	单位	单价(元)	消		耗		量	
人工 综合工日	工日	40.00	18.68	16.00	12.00	16.40	20.40	8.00
材 警冲标	个	48.00	–	–	–	–	–	100.500
公里标	个	280.00	–	–	–	100.200	–	–
坡度标	个	280.00	–	–	–	–	100.200	–
曲线标	个	120.00	–	–	100.200	–	–	–
道口标	个	280.00	100.200	–	–	–	–	–
鸣笛标	个	280.00	–	100.200	–	–	–	–
料 现浇混凝土 C10-20(碎石)	m³	133.06	20.300	20.300	20.300	20.300	20.300	20.300
其他材料费	%	–	0.500	0.500	0.500	0.500	0.500	0.500

八、道口栏杆、防护栏及防护桩

工作内容:栅门、栏杆设备、操纵装置(不含电机、控制盘部分)的制作及安装、挖基、浇筑混凝土基础、埋设钢管、埋设件制安、混凝土支桩、托架、道口护栏、护桩的预制埋设、油漆、清理、调试等。

单位:处

定　额　编　号			5-2-87	5-2-88	5-2-89	5-2-90	5-2-91	5-2-92
项　目			防护栏	防护栏及防护桩	道口栅门(电动式)			道口栏杆
			木制	预制钢筋混凝土	二联动8.5m	四联动17m	每增减1m	
基　价　(元)			**2410.87**	**271431.57**	**30157.79**	**59665.96**	**2303.03**	**2192.69**
其中	人　工　费　(元)		561.20	952.40	2017.20	4034.80	278.40	490.40
	材　料　费　(元)		1849.67	270479.17	28140.59	55631.16	2024.63	1702.29
	机　械　费　(元)		—	—	—	—	—	—
名　称	单位	单价(元)	消	耗		量		
人工 综合工日	工日	40.00	14.03	23.81	50.43	100.87	6.96	12.26
材料 水泥 42.5	t	300.00	—	0.383	1.604	3.208	0.179	—
原木	m³	1100.00	0.748	—	0.269	0.538	0.027	0.217
板材	m³	1300.00	0.649	0.160	3.339	6.679	0.334	0.022
圆钢筋 Q235φ18 以上	kg	3.50	—	—	98.900	197.800	10.200	—
扁钢	kg	3.90	—	—	153.500	307.200	4.690	—
槽钢	t	3700.00	—	—	0.267	0.535	0.016	—
角钢	kg	3.50	—	—	137.800	275.620	13.120	—
钢板(中厚)	t	3750.00	—	—	0.394	0.788	0.029	—
钢板(薄)	kg	3.80	—	—	20.700	41.280	—	—
料 铁件	kg	5.50	22.700	—	30.500	61.000	3.100	13.520
铸铁花纹板	kg	5.00	—	—	0.068	0.135	—	—
焊接钢管电焊 DN32 – 50	kg	4.80	—	—	139.400	278.700	—	—

定 额 编 号			5-2-87	5-2-88	5-2-89	5-2-90	5-2-91	5-2-92
项 目			防护栏	防护栏及防护桩	道口栅门(电动式)			道口栏杆
			木制	预制钢筋混凝土	二联动 8.5m	四联动 17m	每增减 1m	
材 料	铸铁块	t	2800.00	–	–	0.236	0.417	0.005	–
	普通钢轨 24kg/m	t	5400.00	–	–	2.018	4.036	0.196	–
	接头夹板 18~43kg	kg	5.00	–	–	100.000	100.000	–	–
	弹簧合页 双弹 L200	副	58.00	–	–	4.000	8.100	–	–
	钢板网 1×2000×4000	m²	9.00	–	–	19.430	38.850	4.200	–
	六角头螺栓带帽 M16	kg	8.00	–	–	58.000	116.000	0.100	–
	单列向心球轴承 15×35×11	套	260.00	–	–	16.000	32.000	–	–
	碎石 20mm	m³	50.00	–	1.020	11.211	22.422	1.262	–
	中(粗)砂	m³	47.00	–	0.580	4.542	9.089	0.510	–
	橡胶板 δ4-15	kg	5.60	–	–	6.590	13.102	–	–
	水	m³	4.00	–	–	9.000	18.000	1.000	–
	螺栓	kg	6.80	–	–	–	–	–	5.900
	碳钢管	m	–	–	–	–	–	–	0.350
	钢轨 15 号	kg	4.50	–	–	–	–	–	206.000
	防腐油	kg	2.67	1.500	–	–	–	–	1.100
	清油	kg	14.00	1.000	–	–	–	–	0.400
	磁漆	kg	10.00	2.200	–	–	–	–	1.000
	大枋	m³	1700.00	–	–	–	–	–	0.207
	铁丝 14 号	kg	5.65	–	–	–	–	–	1.100
	钢筋 φ10 以内	t	3820.00	–	70.000	–	–	–	–
	其他材料费	%	–	1.000	1.000	1.000	1.000	1.000	1.000

九、铺曲线护轮轨

工作内容：1.人工运散护轮轨材料。2.电钻钢轨钻孔。3.弯折护轨端部。4.锯断钢轨。5.安装护轨配件及涂油。6.钉道。

单位：100m

定　额　编　号			5-2-93	5-2-94	5-2-95	5-2-96	5-2-97
项　　　目			43kg/m				
			1520	1600	1680	1760	1840
基　　价　（元）			**52803.46**	**53778.52**	**54753.98**	**55730.22**	**56705.29**
其中	人　工　费　（元）		577.20	582.80	588.80	594.80	600.80
	材　料　费　（元）		52226.26	53195.72	54165.18	55135.42	56104.49
	机　械　费　（元）		－	－	－	－	－
名　　称	单位	单价（元）	消　　　耗　　　量				
人工 综合工日	工日	40.00	14.43	14.57	14.72	14.87	15.02
材料 钢轨43kg/m	根	2512.00	8.060	8.060	8.060	8.060	8.060
鱼尾板43kg	块	98.00	16.020	16.020	16.020	16.020	16.020
鱼尾螺栓带帽43kg	套	5.30	48.670	48.670	48.670	48.670	48.670
弹簧垫圈（接头）	个	2.00	48.960	48.960	48.960	48.960	48.960
曲线护轮垫板	块	78.00	152.460	160.480	168.500	176.530	184.550
护轮间隔材	组	230.00	50.050	50.050	50.050	50.050	50.050
轨撑	个	39.00	152.150	160.160	168.170	176.180	184.180
道钉	个	1.89	307.040	323.200	339.360	355.520	371.680
小型机具使用费	元	1.00	84.000	84.000	84.000	84.000	84.000
其他材料费	%	－	0.100	0.100	0.100	0.100	0.100

注：1.本定额按单面编制，如铺双面护轮轨，人工与材料都增加一倍。2.铺设线路时按铺设线路等级扣除与曲线护轨垫板相应的普通铁垫板。

工作内容:1.人工运散护轮轨材料。2.电钻钢轨钻孔。3.弯折护轨端部。4.锯断钢轨。5.安装护轨配件及涂油。6.钉道。

单位:100m

定 额 编 号			5-2-98	5-2-99	5-2-100	5-2-101
项 目			50kg/m			
			1680	1760	1840	1920
基 价 （元）			**58679.20**	**59541.93**	**60517.00**	**62040.62**
其中	人 工 费 （元）		594.40	600.40	606.40	612.40
	材 料 费 （元）		58084.80	58941.53	59910.60	61428.22
	机 械 费 （元）		—	—	—	—
名 称	单位	单价(元)	消 耗 量			
人工 综合工日	工日	40.00	14.86	15.01	15.16	15.31
材料 钢轨 50kg/m 12.5m	根	2897.00	8.060	8.060	8.060	8.060
鱼尾板 50kg	块	138.00	16.020	16.020	16.020	16.020
鱼尾螺栓带帽 50kg	套	6.50	48.670	48.670	48.670	48.670
弹簧垫圈（接头）	个	2.00	48.960	48.960	48.960	48.960
曲线护轮垫板	块	78.00	168.500	176.530	184.550	192.580
护轮间隔材	组	230.00	50.050	50.050	50.050	50.050
轨撑	个	39.00	168.170	176.180	184.180	192.190
道钉	个	1.89	399.360	355.520	371.680	387.840
小型机具使用费	元	1.00	84.000	84.000	84.000	84.000
其他材料费	%	—	0.100	0.100	0.100	1.000

注:1.本定额按单面编制,如铺双面护轮轨,人工与材料都增加一倍。2.铺设线路时按铺设线路等级扣除与曲线护轨垫板相应的普通铁垫板。

十、安装防爬设备、轨距杆、轨撑

工作内容:安装防爬设备:1.自扒开枕木间道碴至安装好全部过程。2.制作木支撑及木楔、轨撑。轨距杆安装:1.螺栓涂油。2.安装调整。

定 额 编 号			5-2-102	5-2-103	5-2-104	5-2-105	5-2-106	5-2-107
项 目			防爬器(穿销式)		支撑		轨距杆	轨撑安装
			木枕	钢筋混凝土轨枕	木枕	钢筋混凝土轨枕		43~50kg
单 位			1000 个	1000 个	1000 个	1000 个	100 根	100 个
基 价 (元)			**38181.65**	**40018.46**	**14213.45**	**15536.30**	**15660.30**	**23715.52**
其中	人 工 费 (元)		624.80	864.80	1078.40	1285.20	480.00	480.00
	材 料 费 (元)		37556.85	39153.66	13135.05	14251.10	15180.30	23235.52
	机 械 费 (元)		–	–	–	–	–	–
名 称	单位	单价(元)	消	耗		量		
人工	综合工日	工日	40.00	15.62	21.62	26.96	32.13	12.00	12.00
材料	弹簧垫圈	个	1.10	–	–	–	–	–	204.000
	护轮双轨撑铁垫板	块	168.59	–	–	–	–	–	100.300
	沉头螺栓	套	5.95	–	–	–	–	–	202.000
	道钉	个	1.89	–	–	–	–	–	401.000
	轨撑	个	39.00	–	–	–	–	–	100.300
	轨距杆	根	150.00	–	–	–	–	100.200	–
	防爬器 43kg、50kg	个	37.00	1005.000	1005.000	–	–	–	–
	大枋	m³	1700.00	–	0.930	7.650	8.300	–	–
	其他材料费	%	–	1.000	1.000	1.000	1.000	1.000	1.000

注:安装轨撑时,按铺设线路等级扣除与轨撑垫板相应的普通铁垫板。

十一、装设车挡

工作内容:1.备料。2.制作车挡。3.挖运土方。4.埋设。5.涂油等全部工作过程。

单位:处

定 额 编 号				5-2-108	5-2-109	5-2-110
项 目				弯轨	堆土	钢板制
基 价 (元)				**4107.95**	**486.95**	**600.09**
其中	人 工 费 (元)			600.00	270.00	126.80
	材 料 费 (元)			3507.95	216.95	473.29
	机 械 费 (元)			–	–	–
名 称		单位	单价(元)	消	耗	量
人工	综合工日	工日	40.00	15.00	6.75	3.17
材料	铁件	kg	5.50	479.400	–	–
	旧钢轨	t	1800.00	0.348	0.076	
	钢板(薄)	kg	3.80	–	–	109.000
	螺栓	kg	6.80	30.900	–	8.000
	板材	m³	1300.00	–	0.060	–
	其他材料费	%	–	1.000	1.000	1.000

十二、铺设平交道

工作内容：木料钻孔、抬捕加工护轨木枕、打入方钉、抬铺砌道口板、铁件安装、清理道口。

单位：每10m宽

定　额　编　号			5-2-111	5-2-112	5-2-113	5-2-114	5-2-115
项　　　目			木枕地段		铺设轨下钢筋混凝土枕地段		木枕铺设轨下钢筋混凝土枕地段
			木制	橡胶	木制	橡胶	混凝土块
			43~50kg				
基　　　价　（元）			**10404.88**	**90451.40**	**13084.33**	**108807.20**	**7344.18**
其中	人　工　费　（元）		986.00	1183.20	1054.00	1264.80	1020.00
	材　料　费　（元）		9418.88	89268.20	12030.33	107542.40	6324.18
	机　械　费　（元）		－	－	－	－	－
	名　　　称	单位	单价（元）	消	耗	量	
人工	综合工日	工日	40.00	24.65	29.58	26.35	31.62	25.50
材料	旧钢轨	t	1800.00	0.966	－	0.966	－	0.966
	油浸木枕	根	145.00	40.020	－	58.030	－	－
	方头大钉	个	7.00	161.610	－	161.610	－	31.500
	道钉	个	1.89	35.550	－	35.550	－	－
	扒钉	kg	6.00	113.120	－	113.120	－	－

续前

定　额　编　号			5-2-111	5-2-112	5-2-113	5-2-114	5-2-115
项　　目			木枕地段		铺设轨下钢筋混凝土枕地段		木枕铺设轨下钢筋混凝土枕地段
			木制	橡胶	木制	橡胶	混凝土块
			43～50kg				
材 料	木撑方材	m³	2167.00	–	–	–	–	1.510
	防腐油	kg	2.67	–	–	–	–	14.000
	现浇混凝土 C20-15(碎石)	m³	170.52	–	–	–	–	4.100
	细砂	m³	42.00	–	–	–	–	6.990
	平交道专用砼枕	根	450.00	–	–	–	20.060	–
	C型无螺栓扣件	套	165.00	–	–	–	40.400	–
	尼龙套管 230mm×30mm	个	8.00	–	–	–	240.720	–
	连接螺杆 320mm×30mm	个	10.00	–	–	–	160.320	–
	绝缘垫板	块	5.50	–	–	–	40.120	–
	橡胶道口板	m²	3380.00	–	25.750	–	25.750	–
	螺纹道钉	套	6.68	–	202.000	–	–	–
	其他材料费	%	–	–	1.000	–	1.000	1.000

十三、铺设股道间道口

工作内容:木料钻孔、抬捕加工护轨木枕、打入方钉、抬铺砌道口板、铁件安装、清理道口。

单位:道口每10m宽

定 额 编 号				5-2-116	5-2-117
项 目				木制	
				线间距5m	线间距每增1m
基 价 (元)				**8241.74**	**4304.93**
其中	人 工 费 (元)			538.80	270.40
	材 料 费 (元)			7702.94	4034.53
	机 械 费 (元)			–	–
名 称		单位	单价(元)	消 耗 量	
人工	综合工日	工日	40.00	13.47	6.76
材料	碎石10mm	m³	50.00	1.870	0.750
	碎石道碴	m³	50.00	7.180	7.400
	大枋	m³	1700.00	4.200	2.100
	防腐油	kg	2.67	12.800	6.400
	其他材料费 ·	%	–	1.000	1.000

十四、线路拆除

工作内容:拆除线路接头、起道钉、卸螺栓、拆除轨枕、材料分类集中。

单位:km

定 额 编 号			5-2-118	5-2-119	5-2-120	5-2-121	5-2-122	5-2-123
项 目			木枕					
			1440	1520	1600	1680	1760	1840
基 价 (元)			**2293.42**	**2430.62**	**2555.02**	**2688.22**	**2829.42**	**2982.22**
其中	人 工 费 (元)		2284.00	2421.20	2545.60	2678.80	2820.00	2972.80
	材 料 费 (元)		9.42	9.42	9.42	9.42	9.42	9.42
	机 械 费 (元)		—	—	—	—	—	—
名 称	单位	单价(元)	消 耗 量					
人工 综合工日	工日	40.00	57.10	60.53	63.64	66.97	70.50	74.32
材料 其他材料费	元	1.00	9.420	9.420	9.420	9.420	9.420	9.420

工作内容:1.拆除线路接头。2.起道钉。3.卸螺栓。4.拆除轨枕。5.材料分类集中。 单位:km

定 额 编 号			5-2-124	5-2-125	5-2-126	5-2-127	5-2-128	5-2-129
项 目			钢筋混凝土枕					
			1440	1520	1600	1680	1760	1840
基 价 （元）			**4810.72**	**5064.32**	**5331.12**	**5605.52**	**5901.52**	**6212.72**
其中	人 工 费 （元）		4798.00	5051.60	5318.40	5592.80	5888.80	6200.00
	材 料 费 （元）		12.72	12.72	12.72	12.72	12.72	12.72
	机 械 费 （元）		－	－	－	－	－	－
名 称	单位	单价(元)	消		耗		量	
人工 综合工日	工日	40.00	119.95	126.29	132.96	139.82	147.22	155.00
材料 其他材料费	元	1.00	12.720	12.720	12.720	12.720	12.720	12.720

·95·

十五、拆除道岔

工作内容:1.拆除线路接头。2.起道钉。3.卸螺栓。4.拆除轨枕。5.材料分类集中。

单位:组

定 额 编 号			5-2-130	5-2-131	5-2-132	5-2-133	5-2-134	5-2-135
项 目			单开		复式交分		交叉渡线	
			7~8	9	7~8	9	7~8	9
基 价 （元）			**315.07**	**354.27**	**474.00**	**533.20**	**1566.94**	**1770.94**
其中	人 工 费 （元）		314.00	353.20	470.80	530.00	1561.60	1765.60
	材 料 费 （元）		1.07	1.07	3.20	3.20	5.34	5.34
	机 械 费 （元）		－	－	－	－	－	－
名 称	单位	单价(元)	消	耗		量		
人工 综合工日	工日	40.00	7.85	8.83	11.77	13.25	39.04	44.14
材料 其他材料费	元	1.00	1.070	1.070	3.200	3.200	5.340	5.340

十六、拆除平交道

工作内容:全部拆除工作、材料收集堆放。

单位:每10m 宽

定 额 编 号			5-2-136	5-2-137	5-2-138	5-2-139	5-2-140	5-2-141
项 目			单线	双线	拆除曲线护轮轨 (10m 长)	单线	双线	橡胶
			木制			混凝土块制		
基 价 (元)			**222.04**	**548.42**	**22.20**	**388.67**	**833.15**	**274.72**
其中	人 工 费 (元)		219.60	542.40	20.00	384.40	824.00	272.00
	材 料 费 (元)		2.44	6.02	2.20	4.27	9.15	2.72
	机 械 费 (元)		—	—	—	—	—	—
名 称	单位	单价(元)	消 耗 量					
人工 综合工日	工日	40.00	5.49	13.56	0.50	9.61	20.60	6.80
材料 其他材料费	元	1.00	2.440	6.020	2.200	4.270	9.150	2.720

十七、拆除防爬设备、轨距杆、轨撑

工作内容: 拆除防爬器、支撑、轨距杆、轨撑、材料收集堆放。

单位:1000套

定 额 编 号			5-2-142	5-2-143	5-2-144	5-2-145
项 目			支撑	防爬器	轨距杆	轨撑
基 价 (元)			**2512.80**	**2268.00**	**2511.20**	**2666.40**
其 中	人 工 费 (元)		2512.80	2268.00	2511.20	2666.40
	材 料 费 (元)		–	–	–	–
	机 械 费 (元)		–	–	–	–
名 称	单位	单价(元)	消 耗 量			
人 工 综合工日	工日	40.00	62.82	56.70	62.78	66.66

十八、线路试运后沉落整修

工作内容:改正轨距及拨道、调整轨缝、线路捣固、整理道床。

单位:km

定　额　编　号				5-2-146	5-2-147	5-2-148	5-2-149	5-2-150	5-2-151
项　　目				碎石道碴					
				木枕			混凝土枕		
				1440	1600	1920	1440	1600	1920
基　　　　价　（元）				**6605.00**	**7315.65**	**8397.98**	**7641.33**	**8520.97**	**9769.26**
其中	人　工　费　（元）			4080.00	4624.00	5168.00	5134.00	5848.00	6562.00
	材　料　费　（元）			2525.00	2691.65	3229.98	2507.33	2672.97	3207.26
	机　械　费　（元）			—	—	—	—	—	—
	名　　称	单位	单价(元)	消　　　　耗　　　　量					
人工	综合工日	工日	40.00	102.00	115.60	129.20	128.35	146.20	164.05
材料	碎石道碴	m³	50.00	50.000	53.300	63.960	49.650	52.930	63.510
	其他材料费	%	—	1.000	1.000	1.000	1.000	1.000	1.000

工作内容：改正轨距及拨道、调整轨缝、线路捣固、整理道床。   单位：km

定 额 编 号			5-2-152	5-2-153	5-2-154	5-2-155	5-2-156	5-2-157
项　　　　目			混碴					
			木枕			混凝土枕		
			1440	1600	1840	1440	1600	1840
基　　　价　（元）			**4684.75**	**5133.50**	**5754.95**	**5319.79**	**5903.13**	**6676.49**
其 中	人　工　费　（元）		3094.00	3366.00	3740.00	3740.00	4148.00	4658.00
	材　料　费　（元）		1590.75	1767.50	2014.95	1579.79	1755.13	2018.49
	机　械　费　（元）		－	－	－	－	－	－
名　　　称	单位	单价（元）	消	耗		量		
人工	综合工日	工日	40.00	77.35	84.15	93.50	93.50	103.70	116.45
材料	混碴	m³	35.00	45.000	50.000	57.000	44.690	49.650	57.100
	其他材料费	%	－	1.000	1.000	1.000	1.000	1.000	1.000

十九、道岔试运后整修

工作内容:道岔改正轨距及拨道、调整轨缝、道岔捣固、整理道床。

单位:组

定 额 编 号				5-2-158	5-2-159	5-2-160	5-2-161	5-2-162	5-2-163
项 目				碎石道碴					
				单开道岔		复式交分		交叉渡线	
				8 号	9 号	8 号	9 号	8 号	9 号
基 价 (元)				**847.17**	**993.95**	**1318.47**	**1470.97**	**3569.41**	**4044.77**
其中	人 工 费 (元)			578.00	646.00	918.00	1020.00	2720.00	2856.00
	材 料 费 (元)			269.17	347.95	400.47	450.97	849.41	1188.77
	机 械 费 (元)			—	—	—	—	—	—
名 称		单位	单价(元)	消	耗		量		
人工	综合工日	工日	40.00	14.45	16.15	22.95	25.50	68.00	71.40
材料	碎石道碴	m³	50.00	5.330	6.890	7.930	8.930	16.820	23.540
	其他材料费	%	—	1.000	1.000	1.000	1.000	1.000	1.000

工作内容:道岔改正轨距及拨道、调整轨缝、道岔捣固、整理道床。　　　　　　　　　　　　　　单位:组

定　额　编　号			5-2-164	5-2-165	5-2-166	5-2-167	5-2-168	5-2-169
项　　目			混碴					
			单开道岔		复式交分		交叉渡线	
			8 号	9 号	8 号	9 号	8 号	9 号
基　　价　（元）			**618.75**	**721.56**	**978.60**	**1088.63**	**2597.82**	**2942.93**
其 中	人　工　费　（元）		442.00	493.20	715.60	792.40	2040.00	2162.40
	材　料　费　（元）		176.75	228.36	263.00	296.23	557.82	780.53
	机　械　费　（元）		–	–	–	–	–	–
名　　称	单位	单价(元)	消		耗		量	
人工	综合工日	工日	40.00	11.05	12.33	17.89	19.81	51.00	54.06
材料	混碴	m³	35.00	5.000	6.460	7.440	8.380	15.780	22.080
	其他材料费	%	–	1.000	1.000	1.000	1.000	1.000	1.000

第三章　窄轨铁路轨道铺设工程

说　明

一、本章定额适用于地面窄轨铁路铺设工程。

二、本章定额中包括 600mm、762mm、900mm 三种轨距。轨距 600mm 的线路,每单根钢轨的长度为 8m,钢轨类型分为 15kg/m、18kg/m 两种;轨距 762mm、900mm 的线路,每单根钢轨的长度为 10m,钢轨类型分为 18kg/m、24kg/m 两种。

三、钢轨长度不一致时,接头所用鱼尾板、鱼尾螺栓带帽、弹簧垫圈可相应调整,但人工不变。

四、本章没有线路标志项目,可套用准轨线路标志。

五、本章没有道口栏杆项目,可套用准轨的道口栏杆。

六、本章定额按一根木枕四个道钉编制,设计不同时,可调整道钉量,但人工不变。

七、本章定额道岔长度、型号在括号内表示,岔枕与道碴用量均按道岔长度编制。

八、本章定额窄轨线路的铺设是按直线段考虑,曲线段部分按设计规范执行。

工程量计算规则

一、线路的铺设、计量时均应按轨距、钢轨重量、轨枕类型、每公里轨枕根数和扣件的不同分别计算。

二、工程量计算以施工图尺寸为准，计算时不得四舍五入。

三、线路铺设长度应以坐标法计算的水平投影长度为准，但应扣除道岔长度，其计量单位为 km，计算结果取小数点后三位。

四、线路铺碴量按线路长度(扣除道岔长度)乘以道床断面积以 m³ 计算，结果可取整数。

一、木枕上铺轨

工作内容：1.清理路基。2.散运材料。3.木枕上刨槽。4.铺轨枕。5.铺钢轨。6.安装鱼尾板。7.钉道。8.调整轨距、找平、找正。9.清理工作面。

单位：km

定 额 编 号				5-3-1	5-3-2	5-3-3	5-3-4	5-3-5	5-3-6
项 目				轨距600mm					
				15（kg/m）					
				1500	1600	1625	1725	1750	1850
基 价 （元）				**290696.26**	**300847.10**	**303387.11**	**315211.91**	**316077.16**	**326226.80**
其中	人 工 费 （元）			4935.20	5254.40	5334.40	5652.40	5732.80	6050.80
	材 料 费 （元）			285761.06	295592.70	298052.71	309559.51	310344.36	320176.00
	机 械 费 （元）			－	－	－	－	－	－
名 称	单位	单价（元）		消 耗 量					
人工 综合工日	工日	40.00		123.38	131.36	133.36	141.31	143.32	151.27
材料 钢轨15kg 8m	根	511.92		252.000	252.000	252.000	252.000	252.000	252.000
鱼尾板15kg	块	11.08		500.500	500.500	500.500	500.500	500.500	500.500
鱼尾螺栓带帽15kg	套	2.30		1014.000	1014.000	1014.000	1014.000	1014.000	1014.000
弹簧垫圈	个	1.10		1040.000	1040.000	1040.000	1040.000	1040.000	1040.000
道钉15kg、18kg	个	1.40		6060.000	6464.000	6565.000	6969.000	7070.000	7474.000
铁垫板15kg	块	4.18		3030.000	3232.000	3282.500	3884.500	3535.000	3737.000
木枕轨600轨距15~18kg	根	83.78		1504.500	1604.800	1629.900	1730.200	1755.300	1855.600
其他材料费	%	－		0.189	0.189	0.189	0.189	0.189	0.189

工作内容:1.清理路基。2.散运材料。3.木枕上刨槽。4.铺轨枕。5.铺钢轨。6.安装鱼尾板。7.钉道。8.调整轨距、找平、找正。9.清理
工作面。

单位:km

定 额 编 号			5-3-7	5-3-8	5-3-9	5-3-10	5-3-11	5-3-12
项 目			轨距600mm					
			18(kg/m)					
			1500	1600	1625	1725	1750	1850
基 价 (元)			**352299.45**	**363991.17**	**366397.94**	**378609.72**	**381535.34**	**393227.86**
其中	人 工 费 (元)		5064.40	5388.40	5470.00	5795.20	5876.80	6201.60
	材 料 费 (元)		347235.05	358602.77	360927.94	372814.52	375658.54	387026.26
	机 械 费 (元)		—	—	—	—	—	—
名 称	单位	单价(元)	消	耗		量		
人工 综合工日	工日	40.00	126.61	134.71	136.75	144.88	146.92	155.04
材料 钢轨 18kg 8m	根	650.16	252.000	252.000	252.000	252.000	252.000	252.000
鱼尾板 18kg	块	17.57	500.500	500.500	500.500	500.500	500.500	500.500
鱼尾螺栓带帽 18kg	套	2.60	1014.000	1014.000	1014.000	1014.000	1014.000	1014.000
弹簧垫圈	个	1.10	1014.000	1014.000	1014.000	1014.000	1014.000	1014.000
道钉 15kg、18kg	个	1.40	6060.000	6464.000	6565.000	6969.000	7070.000	7474.000
铁垫板 18kg	块	11.77	3030.000	3232.000	3238.500	3484.500	3535.000	3737.000
木枕轨 600 轨距 15~18kg	根	83.78	1504.500	1604.800	1629.900	1730.200	1755.300	1855.600
其他材料费	%	—	0.189	0.189	0.189	0.189	0.189	0.189

工作内容:1.清理路基。2.散运材料。3.木枕上刨槽。4.铺轨枕。5.铺钢轨。6.安装鱼尾板。7.钉道。8.调整轨距、找平、找正。9.清理
工作面。

单位:km

定 额 编 号				5-3-13	5-3-14	5-3-15	5-3-16	5-3-17
项 目				轨距762mm				
				18(kg/m)				
				1500	1600	1700	1800	1900
基 价 (元)				**358822.43**	**371116.28**	**383409.32**	**395702.77**	**407996.61**
其中	人 工 费 (元)			5064.40	5389.60	5714.00	6038.80	6364.00
	材 料 费 (元)			353758.03	365726.68	377695.32	389663.97	401632.61
	机 械 费 (元)			—	—	—	—	—
名 称		单位	单价(元)	消	耗		量	
人工	综合工日	工日	40.00	126.61	134.74	142.85	150.97	159.10
材料	钢轨 18kg 10m	根	812.70	201.600	201.600	201.600	201.600	201.600
	鱼尾板 18kg	块	17.57	400.400	400.400	400.400	400.400	400.400
	鱼尾螺栓带帽 18kg	套	2.60	811.200	811.200	811.200	811.200	811.200
	弹簧垫圈	个	1.10	832.000	832.000	832.000	832.000	832.000
	道钉 15kg、18kg	个	1.40	6060.000	6464.000	6868.000	7272.000	7676.000
	铁垫板 18kg	块	11.77	3030.000	3232.000	3434.000	3636.000	3838.000
	木枕轨 762 轨距 18~24kg	根	89.76	1504.500	1604.800	1705.100	1805.400	1905.700
	其他材料费	%	—	0.189	0.189	0.189	0.189	0.189

工作内容:1.清理路基。2.散运材料。3.木枕上刨槽。4.铺轨枕。5.铺钢轨。6.安装鱼尾板。7.钉道。8.调整轨距、找平、找正。9.清理
工作面。

单位:km

	定　额　编　号			5-3-18	5-3-19	5-3-20	5-3-21	5-3-22
				轨距762mm				
	项　　目			24(kg/m)				
				1500	1600	1700	1800	1900
	基　　　　价　(元)			**426827.50**	**439498.50**	**452168.71**	**464838.11**	**477507.92**
其 中	人　工　费　(元)			5225.60	5557.60	5888.80	6219.20	6550.00
	材　料　费　(元)			421601.90	433940.90	446279.91	458618.91	470957.92
	机　械　费　(元)			—	—	—	—	—
	名　　　　称	单位	单价(元)	消	耗		量	
人工	综合工日	工日	40.00	130.64	138.94	147.22	155.48	163.75
材 料	钢轨 24kg 10m	根	1100.70	201.600	201.600	201.600	201.600	201.600
	鱼尾板 24kg	块	27.43	400.400	400.400	400.400	400.400	400.400
	鱼尾螺栓带帽 24kg	套	2.80	811.200	811.200	811.200	811.200	811.200
	弹簧垫圈	个	1.10	832.000	832.000	832.000	832.000	832.000
	道钉 24kg	个	1.80	6060.000	6464.000	6868.000	7272.000	7676.000
	铁垫板 24kg	块	12.80	3030.000	3232.000	3434.000	3636.000	3838.000
	木枕轨 762 轨距 18~24kg	根	89.76	1504.500	1604.800	1705.100	1805.400	1905.700
	其他材料费	%	—	0.189	0.189	0.189	0.189	0.189

工作内容:1.清理路基。2.散运材料。3.木枕上刨槽。4.铺轨枕。5.铺钢轨。6.安装鱼尾板。7.钉道。8.调整轨距、找平、找正。9.清理工作面。

单位:km

定 额 编 号			5-3-23	5-3-24	5-3-25	5-3-26	5-3-27
项 目			轨距900mm				
			18(kg/m)				
			1500	1600	1700	1800	1900
基 价 (元)			**367836.34**	**380731.12**	**393625.09**	**406519.46**	**419414.24**
其 中	人 工 费 (元)		5064.40	5389.60	5714.00	6038.80	6364.00
	材 料 费 (元)		362771.94	375341.52	387911.09	400480.66	413050.24
	机 械 费 (元)		—	—	—	—	—
名 称	单位	单价(元)	消	耗		量	
人工 综合工日	工日	40.00	126.61	134.74	142.85	150.97	159.10
材 料	钢轨 18kg 10m	根	812.70	201.600	201.600	201.600	201.600	201.600
	鱼尾板 18kg	块	17.57	400.400	400.400	400.400	400.400	400.400
	鱼尾螺栓带帽 18kg	套	2.60	811.200	811.200	811.200	811.200	811.200
	弹簧垫圈	个	1.10	832.000	832.000	832.000	832.000	832.000
	道钉 15kg、18kg	个	1.40	6060.000	6464.000	6868.000	7272.000	7676.000
	铁垫板 18kg	块	11.77	3030.000	3232.000	3434.000	3636.000	3838.000
	木枕轨 900 轨距 18~24kg	根	95.74	1504.500	1604.800	1705.100	1805.400	1905.700
	其他材料费	%	—	0.189	0.189	0.189	0.189	0.189

工作内容: 1. 清理路基。2. 散运材料。3. 木枕上刨槽。4. 铺轨枕。5. 铺钢轨。6. 安装鱼尾板。7. 钉道。8. 调整轨距、找平、找正。9. 清理工作面。

单位:km

定 额 编 号			5-3-28	5-3-29	5-3-30	5-3-31	5-3-32
项 目			轨距 900mm				
			24(kg/m)				
			1500	1600	1700	1800	1900
基 价 (元)			435841.41	448549.08	462384.48	475654.81	488925.54
其中	人 工 费 (元)		5225.60	5557.60	5888.80	6219.20	6550.00
	材 料 费 (元)		430615.81	442991.48	456495.68	469435.61	482375.54
	机 械 费 (元)		—	—	—	—	—
名 称	单位	单价(元)	消	耗	量		
人工 综合工日	工日	40.00	130.64	138.94	147.22	155.48	163.75
材料 钢轨 24kg 10m	根	1100.70	201.600	201.600	201.600	201.600	201.600
鱼尾板 24kg	块	27.43	400.400	400.400	400.400	400.400	400.400
鱼尾螺栓带帽 24kg	套	2.80	811.200	811.200	811.200	811.200	811.200
弹簧垫圈	个	1.10	832.000	320.000	832.000	832.000	832.000
道钉 24kg	个	1.80	6060.000	6464.000	6868.000	7272.000	7676.000
铁垫板 24kg	块	12.80	3030.000	3232.000	3434.000	3636.000	3838.000
木枕轨 900 轨距 18~24kg	根	95.74	1504.500	1604.800	1705.100	1805.400	1905.700
其他材料费	%	—	0.189	0.189	0.189	0.189	0.189

二、钢筋混凝土轨枕上铺轨

工作内容：1.清理路基。2.散运材料。3.铺轨枕。4.铺钢轨。5.安装鱼尾板。6.用 T 型螺栓固定轨道。7.调整轨距、找平、找正。8.清理工作面。

单位：km

定 额 编 号			5-3-33	5-3-34	5-3-35	5-3-36	5-3-37	5-3-38
项　　目			轨距 600mm					
			15（kg/m）					
			1500	1600	1625	1725	1750	1850
基　　价（元）			**264066.85**	**272378.66**	**274457.72**	**282769.13**	**284847.85**	**293160.46**
其中	人　工　费（元）		7536.40	8028.40	8151.20	8642.80	8765.60	9258.40
	材　料　费（元）		256530.45	264350.26	266306.52	274126.33	276082.25	283902.06
	机　械　费（元）		－	－	－	－	－	－
名　　称	单位	单价（元）	消　　　耗　　　量					
人工 综合工日	工日	40.00	188.41	200.71	203.78	216.07	219.14	231.46
材料 钢轨 15kg 8m	根	511.92	252.000	252.000	252.000	252.000	252.000	252.000
鱼尾板 15kg	块	11.08	500.500	500.500	500.500	500.500	500.500	500.500
鱼尾螺栓带帽 15kg	套	2.30	1014.000	1014.000	1014.000	1014.000	1014.000	1014.000
弹簧垫圈	个	1.10	1040.000	1040.000	1040.000	1040.000	1040.000	1040.000
扣板	块	2.10	6018.000	6419.200	6519.500	6920.700	7021.000	7422.200
T 型螺栓 600 轨距	个	2.20	6084.000	6489.600	6591.000	6996.600	7098.000	7503.600
弹簧垫圈 15kg、18kg、24kg	个	1.00	6240.000	6656.000	6760.000	7176.000	7280.000	7696.000
螺帽 600 轨距	个	1.00	6084.000	6489.600	6591.000	6996.600	7098.000	7503.600
弹性垫板	块	3.40	3009.000	3209.600	3259.800	3460.400	3510.500	3711.100
料 钢筋混凝土轨枕 600 轨距 15～18kg	根	45.00	1504.500	1604.800	1629.900	1730.200	1755.300	1855.600
其他材料费	%	－	0.875	0.875	0.875	0.875	0.875	0.875

工作内容:1. 清理路基。2. 散运材料。3. 铺轨枕。4. 铺钢轨。5. 安装鱼尾板。6. 用 T 型螺栓固定轨道。7. 调整轨距、找平、找正。8. 清理
工作面。

单位:km

定　额　编　号			5-3-39	5-3-40	5-3-41	5-3-42	5-3-43	5-3-44
项　　目			轨距 600mm					
			18(kg/m)					
			1500	1600	1625	1725	1750	1850
基　　价（元）			**302954.08**	**311274.29**	**313355.49**	**321675.96**	**323757.47**	**332077.68**
其中	人　工　费　（元）		7698.80	8199.20	8325.20	8824.80	8950.40	9450.80
	材　料　费　（元）		295255.28	303075.09	305030.29	312851.16	314807.07	322626.88
	机　械　费　（元）		—	—	—	—	—	—
名　　称	单位	单价（元）	消		耗		量	
人工 综合工日	工日	40.00	192.47	204.98	208.13	220.62	223.76	236.27
材料	钢轨 18kg 8m	根	650.16	252.000	252.000	252.000	252.000	252.000	252.000
	鱼尾板 18kg	块	17.57	500.500	500.500	500.500	500.500	500.500	500.500
	鱼尾螺栓带帽 18kg	套	2.60	1014.000	1014.000	1014.000	1014.000	1014.000	1014.000
	弹簧垫圈	个	1.10	1040.000	1040.000	1040.000	1040.000	1040.000	1040.000
	扣板	块	2.10	6018.000	6419.200	6519.000	6920.700	7021.000	7422.200
	T 型螺栓 600 轨距	个	2.20	6084.000	6489.600	6591.000	6996.600	7098.000	7503.600
	弹簧垫圈 15kg、18kg、24kg	个	1.00	6240.000	6656.000	6760.000	7176.000	7280.000	7696.000
	螺帽 600 轨距	个	1.00	6084.000	6489.600	6591.000	6996.600	7098.000	7503.600
	弹性垫板	块	3.40	3009.000	3209.600	3259.800	3460.400	3510.500	3711.100
	钢筋混凝土轨枕 600 轨距 15～18kg	根	45.00	1504.500	1604.800	1629.900	1730.200	1755.300	1855.600
	其他材料费	%	—	0.875	0.875	0.875	0.875	0.875	0.875

工作内容: 1.清理路基。2.散运材料。3.铺轨枕。4.铺钢轨。5.安装鱼尾板。6.用T型螺栓固定轨道。7.调整轨距、找平、找正。8.清理工作面。

单位:km

定　额　编　号			5-3-45	5-3-46	5-3-47	5-3-48	5-3-49
项　　目			轨距762mm				
			18(kg/m)				
			1500	1600	1700	1800	1900
基　　价（元）			319406.22	328992.10	338578.37	348164.25	357750.12
其中	人　工　费（元）		7828.80	8337.60	8846.80	9355.60	9864.40
	材　料　费（元）		311577.42	320654.50	329731.57	338808.65	347885.72
	机　械　费（元）		－	－	－	－	－
名　称	单位	单价（元）	消	耗	量		
人工 综合工日	工日	40.00	195.72	208.44	221.17	233.89	246.61
材料 钢轨 18kg 10m	根	812.70	201.600	201.600	201.600	201.600	201.600
鱼尾板 18kg	块	17.57	400.400	400.400	400.400	400.400	400.400
鱼尾螺栓带帽 18kg	套	2.60	811.200	811.200	811.200	811.200	811.200
弹簧垫圈	个	1.10	832.000	832.000	832.000	832.000	832.000
扣板	块	2.10	6018.000	6419.200	6820.400	7221.600	7622.800
T型螺栓 762、900 轨距	个	2.80	6084.000	6489.600	6895.200	7300.800	7706.400
弹簧垫圈 15kg、18kg、24kg	个	1.00	6240.000	6656.000	7072.000	7488.000	7904.000
螺帽 762、900 轨距	个	1.00	6084.000	6489.600	6895.200	7300.800	7706.400
弹性垫板	块	3.40	3009.000	3209.600	3410.200	3610.800	3811.400
钢筋混凝土轨枕 762 轨距 18kg	根	55.00	1504.500	1604.800	1705.100	1805.400	1905.700
其他材料费	%	－	0.875	0.875	0.875	0.875	0.875

工作内容:1.清理路基。2.散运材料。3.铺轨枕。4.铺钢轨。5.安装鱼尾板。6.用T型螺栓固定轨道。7.调整轨距、找平、找正。8.清理
工作面。

单位:km

定 额 编 号				5-3-50	5-3-51	5-3-52	5-3-53	5-3-54
项 目				轨距762mm				
				24(kg/m)				
				1500	1600	1700	1800	1900
基 价 (元)				**382319.60**	**391900.16**	**401508.53**	**411104.03**	**420676.11**
其中	人 工 费 (元)			8027.20	8544.80	9062.40	9580.40	10097.60
	材 料 费 (元)			374292.40	383355.36	392446.13	401523.63	410578.51
	机 械 费 (元)			-	-	-	-	-
名 称		单位	单价(元)	消	耗		量	
人工	综合工日	工日	40.00	200.68	213.62	226.56	239.51	252.44
材料	钢轨 24kg 10m	根	1100.70	201.600	201.600	201.600	201.600	201.600
	鱼尾板 24kg	块	27.43	400.400	400.400	400.400	400.400	400.400
	鱼尾螺栓带帽 24kg	套	2.80	811.200	811.200	811.200	811.200	811.200
	弹簧垫圈	个	1.10	832.000	832.000	832.000	832.000	832.000
	扣板	块	2.10	6018.000	6419.200	6820.200	7221.600	7622.800
	T型螺栓 762、900 轨距	个	2.80	6084.000	6484.600	6895.200	7300.800	7706.400
	弹簧垫圈 15kg、18kg、24kg	个	1.00	6240.000	6656.000	7072.000	7488.000	7904.000
	螺帽 762、900 轨距	个	1.00	6084.000	6489.600	6895.200	7300.800	7706.400
	弹性垫板	块	3.40	3009.000	3209.600	3410.200	3610.800	3811.400
	钢筋混凝土轨枕 762 轨距 24kg	根	55.00	1504.500	1604.800	1705.100	1805.400	1905.300
	其他材料费	%	-	0.875	0.875	0.875	0.875	0.875

工作内容: 1.清理路基。 2.散运材料。 3.铺轨枕。 4.铺钢轨。 5.安装鱼尾板。 6.用T型螺栓固定轨道。 7.调整轨距、找平、找正。 8.清理工作面。

单位:km

定　额　编　号				5-3-55	5-3-56	5-3-57	5-3-58	5-3-59
项　　目				轨距900mm				
				18(kg/m)				
				1500	1600	1700	1800	1900
基　　　　价　　(元)				334712.47	345319.32	355925.37	366531.82	377138.27
其中	人　　工　　费　(元)			7958.40	8476.40	8993.60	9511.20	10028.80
	材　　料　　费　(元)			326754.07	336842.92	346931.77	357020.62	367109.47
	机　　械　　费　(元)			—	—	—	—	—
名　　称		单位	单价(元)	消	耗	量		
人工	综合工日	工日	40.00	198.96	211.91	224.84	237.78	250.72
材料	钢轨 18kg 10m	根	812.70	201.600	201.600	201.600	201.600	201.600
	鱼尾板 18kg	块	17.57	400.400	400.400	400.400	400.400	400.400
	鱼尾螺栓带帽 18kg	套	2.60	811.200	811.200	811.200	811.200	811.200
	弹簧垫圈	个	1.10	832.000	832.000	832.000	832.000	832.000
	扣板	块	2.10	6018.000	6419.200	6820.400	7221.600	7622.800
	T型螺栓 762、900轨距	个	2.80	6084.000	6489.600	6895.200	7300.800	7706.400
	弹簧垫圈 15kg、18kg、24kg	个	1.00	6240.000	6656.000	7072.000	7488.000	7904.000
	螺帽 762、900轨距	个	1.00	6084.000	6489.600	6895.200	7300.800	7706.400
	弹性垫板	块	3.40	3009.000	3209.600	3410.200	3610.800	3811.400
	钢筋混凝土轨枕 900轨距 18kg	根	65.00	1504.500	1604.800	1705.100	1805.400	1905.700
	其他材料费	%	—	0.875	0.875	0.875	0.875	0.875

工作内容: 1.清理路基。2.散运材料。3.铺轨枕。4.铺钢轨。5.安装鱼尾板。6.用T型螺栓固定轨道。7.调整轨距、找平、找正。8.清理工作面。

单位:km

定　额　编　号			5-3-60	5-3-61	5-3-62	5-3-63	5-3-64
项　　目			轨距900mm				
			24(kg/m)				
			1500	1600	1700	1800	1900
基　　价　（元）			**397628.65**	**408243.90**	**418858.75**	**429474.80**	**440089.76**
其中	人　工　费　（元）		8159.60	8686.00	9212.00	9739.20	10265.20
	材　料　费　（元）		389469.05	399557.90	409646.75	419735.60	429824.56
	机　械　费　（元）		－	－	－	－	－
名　　　称	单位	单价（元）	消	耗		量	
人工	综合工日	工日	40.00	203.99	217.15	230.30	243.48	256.63
材料	钢轨 24kg 10m	根	1100.70	201.600	201.600	201.600	201.600	201.600
	鱼尾板 24kg	块	27.43	400.400	400.400	400.400	400.400	400.400
	鱼尾螺栓带帽 24kg	套	2.80	811.200	811.200	811.200	811.200	811.200
	弹簧垫圈	个	1.10	832.000	832.000	832.000	832.000	832.100
	扣板	块	2.10	6018.000	6419.200	6820.400	7221.600	7622.800
	T型螺栓 762、900轨距	个	2.80	6084.000	6489.600	6895.200	7300.800	7706.400
	弹簧垫圈 15kg、18kg、24kg	个	1.00	6240.000	6656.000	7072.000	7488.000	7904.000
	螺帽 762、900轨距	个	1.00	6084.000	6489.600	6895.200	7300.800	7706.400
	弹性垫板	块	3.40	3009.000	3209.600	3410.200	3610.800	3811.400
	钢筋混凝土轨枕 900轨距 24kg	根	65.00	1504.500	1604.800	1705.100	1805.400	1905.700
	其他材料费	%	－	0.875	0.875	0.875	0.875	0.875

三、线路铺碴

工作内容：回填道碴、两线间填碴（包括10m运距）、起道、串锹、捣固、拨道、调整枕木间距、矫正轨距、整理道床、铺底碴（包括30m运距）。

单位：100m³

定　额　编　号				5-3-65	5-3-66	5-3-67	5-3-68
项　　目				碎石道碴		铺混碴	
				木轨枕路线	钢筋混凝土轨枕路线	木轨枕路线	钢筋混凝土轨枕路线
基　　价　（元）				**7614.65**	**7614.65**	**5423.68**	**5423.68**
其中	人　工　费　（元）			1614.80	1614.80	1488.00	1488.00
	材　料　费　（元）			5999.85	5999.85	3935.68	3935.68
	机　械　费　（元）			－	－	－	－
名　　称		单位	单价（元）	消　　　　耗　　　　量			
人工	综合工日	工日	40.00	40.37	40.37	37.20	37.20
材料	碎石道碴	m³	50.00	119.400	119.400	－	－
	混碴	m³	35.00	－	－	112.000	112.000
	其他材料费	%	－	0.500	0.500	0.400	0.400

四、轨距600mm、单开道岔铺设

工作内容：1.人工运道岔及材料。2.铺放岔枕。3.铺设道岔。4.钉道岔。5.回填道碴。6.捣固。7.找平、找正。8.安装扳道器。9.清理道床。

单位：组

定　额　编　号			5-3-69	5-3-70	5-3-71	5-3-72
项　目			15(kg/m)			
			道岔类别及长度(m)			
			615-4-12(6.84)		615-6-25(9.15)	
			道碴150(mm)	道碴200(mm)	道碴150(mm)	道碴200(mm)
基　　价（元）			**10389.46**	**10442.39**	**11098.89**	**11169.01**
其中	人　工　费（元）		442.00	451.20	456.00	468.40
	材　料　费（元）		9947.46	9991.19	10642.89	10700.61
	机　械　费（元）		－	－	－	－
名　　称	单位	单价（元）	消　　耗　　量			
人工 综合工日	工日	40.00	11.05	11.28	11.40	11.71
材料 单开道岔 600 轨距 15kg 1/4	组	8500.00	1.000	1.000	－	－
单开道岔 600 轨距 15kg 1/6	组	9100.00	－	－	1.000	1.000
扳道器 轻轨	组	350.00	1.000	1.000	1.000	1.000
岔枕	m³	2100.00	0.430	0.430	0.442	0.442
道碴	m³	45.00	3.880	4.850	5.410	6.690
其他材料费	%	－	0.200	0.200	0.200	0.200

工作内容:1.人工运道岔及材料。2.铺放岔枕。3.铺设道岔。4.钉道岔。5.回填道碴。6.捣固。7.找平、找正。8.安装扳道器。9.清理道床。

单位:组

定 额 编 号				5-3-73	5-3-74	5-3-75	5-3-76
项 目				18(kg/m)			
				道岔类别及长度(m)			
				618-4-12(6.8)		618-6-25(9.0)	
				道碴150(mm)	道碴200(mm)	道碴150(mm)	道碴200(mm)
基 价 (元)				**10824.57**	**10877.51**	**11459.27**	**11529.43**
其中	人 工 费 (元)			442.40	451.60	454.00	466.00
	材 料 费 (元)			10382.17	10425.91	11005.27	11063.43
	机 械 费 (元)			—	—	—	—
名 称		单位	单价(元)	消 耗 量			
人工	综合工日	工日	40.00	11.06	11.29	11.35	11.65
材料	单开道岔 600 轨距 18kg 1/4	组	9000.00	1.000	1.000	—	—
	单开道岔 600 轨距 18kg 1/6	组	9400.00	—	—	1.000	1.000
	扳道器 轻轨	组	350.00	1.000	1.000	1.000	1.000
	岔枕	m³	2100.00	0.397	0.397	0.475	0.475
	道碴	m³	45.00	3.950	4.920	5.240	6.530
	其他材料费	%	—	0.200	0.200	0.200	0.200

五、轨距600mm、对称道岔铺设

工作内容:1.人工运道岔及材料。2.铺放岔枕。3.铺设道岔。4.钉道岔。5.回填道碴。6.捣固。7.找平、找正。8.安装扳道器。9.清理道床。

单位:组

定 额 编 号				5-3-77	5-3-78	5-3-79	5-3-80
项 目				15(kg/m)		18(kg/m)	
				道岔类别及长度(m)			
				615-3-12(4.88)		618-3-12(4.8)	
				道碴150(mm)	道碴200(mm)	道碴150(mm)	道碴200(mm)
基 价 (元)				**9950.84**	**9989.65**	**12469.21**	**12508.03**
其中	人 工 费 (元)			514.00	520.80	514.00	520.80
	材 料 费 (元)			9436.84	9468.85	11955.21	11987.23
	机 械 费 (元)			–	–	–	–
名 称		单位	单价(元)	消 耗 量			
人工	综合工日	工日	40.00	12.85	13.02	12.85	13.02
材料	对称道岔 600 轨距 15kg 1/3	组	8300.00	1.000	1.000	–	–
	对称道岔 600 轨距 18kg 1/3	组	10800.00	–	–	1.000	1.000
	扳道器 轻轨	组	350.00	1.000	1.000	1.000	1.000
	岔枕	m³	2100.00	0.304	0.304	0.311	0.311
	道碴	m³	45.00	2.880	3.590	2.850	3.560
	其他材料费	%	–	0.200	0.200	0.200	0.200

六、轨距600mm、交叉渡线铺设

工作内容:1. 人工运道岔及材料。2. 清理道床。3. 铺放岔枕。4. 铺设道岔。5. 钉道岔。6. 回填道碴。7. 捣固。8. 找平、找正。9. 安装扳道器。

单位:组

定 额 编 号		5-3-81	5-3-82
项 目		15(kg/m)	
		道岔类别及长度(m)	
		615 − 4 − 1215(12.306)	
		道碴150(mm)	道碴200(mm)
基 价 (元)		**54930.74**	**55094.01**
其中	人 工 费 (元)	2333.20	2361.20
	材 料 费 (元)	52597.54	52732.81
	机 械 费 (元)	−	−
名 称	单位	单价(元)	消 耗 量	
人工 综合工日	工日	40.00	58.33	59.03
材料 交叉渡线道岔 600轨距 15kg 1/4	组	48000.00	1.000	1.000
扳道器 轻轨	组	350.00	4.000	4.000
岔枕	m³	2100.00	1.244	1.244
道碴	m³	45.00	10.670	13.670
其他材料费	%	−	0.200	0.200

七、轨距762mm、单开道岔铺设

工作内容:1.人工运道岔及材料。2.清理道床。3.铺放岔枕。4.铺设道岔。5.钉道岔。6.回填道碴。7.捣固。8.找平、找正。9.安装扳道器。

单位:组

定 额 编 号			5-3-83	5-3-84	5-3-85	5-3-86	5-3-87	5-3-88
项 目			18(kg/m)				24(kg/m)	
			道岔类别及长度(m)					
			718-4-16(7.004)		718-8-70(13.612)		724-4-15(7.78)	
			道碴200(mm)	道碴250(mm)	道碴200(mm)	道碴250(mm)	道碴200(mm)	道碴250(mm)
基 价 (元)			**13502.96**	**13570.58**	**14888.81**	**15016.73**	**17444.93**	**17516.60**
其中	人 工 费 (元)		470.80	481.60	480.00	498.80	471.20	482.00
	材 料 费 (元)		13032.16	13088.98	14408.81	14517.93	16973.73	17034.60
	机 械 费 (元)		—	—	—	—	—	—
名 称	单位	单价(元)	消	耗	量			
人工 综合工日	工日	40.00	11.77	12.04	12.00	12.47	11.78	12.05
材料 单开道岔 762 轨距 18kg 1/4	组	11000.00	1.000	1.000	—	—	—	—
单开道岔 762 轨距 18kg 1/8	组	11500.00	—	—	1.000	1.000	—	—
单开道岔 762 轨距 24kg 1/4	组	15000.00	—	—	—	—	1.000	1.000
扳道器 轻轨	组	350.00	1.000	1.000	1.000	1.000	1.000	1.000
岔枕	m³	2100.00	0.647	0.647	0.935	0.935	0.612	0.612
道碴	m³	45.00	6.610	7.870	12.590	15.010	6.770	8.120
其他材料费	%	—	0.200	0.200	0.200	0.200	0.200	0.200

工作内容:1.人工运道岔及材料。2.清理道床。3.铺放岔枕。4.铺设道岔。5.钉道岔。6.回填道碴。7.捣固。8.找平、找正。9.安装扳道器。

单位:组

定 额 编 号				5-3-89	5-3-90	5-3-91	5-3-92
项 目				24(kg/m)			
				道岔类别及长度(m)			
				724－6－42(11.36)		724－8－75(11.701)	
				道碴200(mm)	道碴250(mm)	道碴200(mm)	道碴250(mm)
基 价 (元)				**21073.56**	**21184.70**	**24174.39**	**24289.63**
其中	人 工 费 (元)			526.00	545.60	534.40	553.60
	材 料 费 (元)			20547.56	20639.10	23639.99	23736.03
	机 械 费 (元)			－	－	－	－
	名 称	单位	单价(元)	消 耗 量			
人工	综合工日	工日	40.00	13.15	13.64	13.36	13.84
材料	单开道岔 762 轨距 24kg 1/6	组	18000.00	1.000	1.000	－	－
	单开道岔 762 轨距 24kg 1/8	组	21000.00	－	－	1.000	1.000
	扳道器 轻轨	组	350.00	1.000	1.000	1.000	1.000
	岔枕	m³	2100.00	0.809	0.809	0.834	0.834
	道碴	m³	45.00	10.170	12.200	10.920	13.050
	其他材料费	%	－	0.200	0.200	0.200	0.200

八、轨距762mm、对称道岔铺设

工作内容: 1. 人工运道岔及材料。2. 清理道床。3. 铺放岔枕。4. 铺设道岔。5. 钉道岔。6. 回填道磴。7. 捣固。8. 找平、找正。9. 安装扳道器。

单位:组

定　额　编　号				5-3-93	5-3-94
项　　目				18(kg/m)	
				道岔类别及长度(m)	
				718－4－30(6.845)	
				道磴 200(mm)	道磴 250(mm)
基　　价　　(元)				**13576.89**	**13614.59**
其中	人　工　费　(元)			558.40	570.40
	材　料　费　(元)			13018.49	13044.19
	机　械　费　(元)			－	－
名　　　　称	单位	单价(元)		消　耗　　量	
人工	综合工日	工日	40.00	13.96	14.26
材料	对称道岔 762 轨距 18kg 1/4	组	11000.00	1.000	1.000
	扳道器 轻轨	组	350.00	1.000	1.000
	岔枕	m³	2100.00	0.633	0.633
	道磴	m³	45.00	6.960	7.530
	其他材料费	%	－	0.200	0.200

九、轨距900mm、单开道岔铺设

工作内容:1.人工运道岔及材料。2.清理道床。3.铺放岔枕。4.铺设道岔。5.钉道岔。6.回填道碴。7.捣固。8.找平、找正。9.安装扳道器。

单位:组

定　额　编　号			5-3-95	5-3-96	5-3-97	5-3-98	5-3-99	5-3-100
项　　目			18(kg/m)		24(kg/m)			
			道岔类别及长度(m)					
			918-6-10(11.2)		924-6-30(11.2)		924-7-70(12.39)	
			道碴200(mm)	道碴250(mm)	道碴200(mm)	道碴250(mm)	道碴200(mm)	道碴250(mm)
基　　价　　(元)			**15003.37**	**15114.21**	**23427.77**	**23532.45**	**25207.64**	**25338.26**
其中	人　工　费　(元)		539.20	557.60	544.80	562.00	562.40	584.80
	材　料　费　(元)		14464.17	14556.61	22882.97	22970.45	24645.24	24753.46
	机　械　费　(元)		–	–	–	–	–	–
名　　称	单位	单价(元)	消　　耗　　量					
人工 综合工日	工日	40.00	13.48	13.94	13.62	14.05	14.06	14.62
材料 单开道岔 900 轨距 18kg 1/6	组	12000.00	1.000	1.000	–	–	–	–
单开道岔 900 轨距 24kg 1/6	组	20000.00	–	–	1.000	1.000	–	–
单开道岔 900 轨距 24kg 1/7	组	21500.00	–	–	–	–	1.000	1.000
扳道器 轻轨	组	350.00	1.000	1.000	1.000	1.000	1.000	1.000
岔枕	m³	2100.00	0.768	0.768	0.947	0.947	1.028	1.028
道碴	m³	45.00	10.500	12.550	11.080	13.020	13.050	15.450
其他材料费	%	–	0.200	0.200	0.200	0.200	0.200	0.200

十、安装轨距拉杆

工作内容:1.螺丝涂油。2.安装轨距拉杆。

单位:100 根

定 额 编 号				5-3-101	5-3-102	5-3-103	5-3-104	5-3-105	5-3-106
项 目				轨距(mm)					
				600	762		900		
				钢轨类型(kg/m)					
				15	18		24	18	24
基 价 (元)				**4384.52**	**5088.03**	**5590.53**	**5590.53**	**6796.54**	**6796.54**
其中	人 工 费 (元)			264.00	264.00	264.00	264.00	264.00	264.00
	材 料 费 (元)			4120.52	4824.03	5326.53	5326.53	6532.54	6532.54
	机 械 费 (元)			–	–	–	–	–	–
名 称		单位	单价(元)	消 耗 量					
人工	综合工日	工日	40.00	6.60	6.60	6.60	6.60	6.60	6.60
材料	轨距杆 15kg 轨距 600mm	根	41.00	100.200	–	–	–	–	–
	轨距杆 18kg 轨距 600mm	根	48.00	–	100.200	–	–	–	–
	轨距杆 18kg 轨距 762mm	根	53.00	–	–	100.200	–	–	–
	轨距杆 24kg 轨距 762mm	根	53.00	–	–	–	100.200	–	–
	轨距杆 18kg 轨距 900mm	根	65.00	–	–	–	–	100.200	–
	轨距杆 24kg 轨距 900mm	根	65.00	–	–	–	–	–	100.200
	其他材料费	%	–	0.300	0.300	0.300	0.300	0.300	0.300

十一、安装防爬器

工作内容: 1.挖开及铺平枕木盒中道碴。2.散布及安装防爬器。　　　　　　　　单位:100个

定　额　编　号			5-3-107	5-3-108	5-3-109
项　　目			钢轨类型（kg/m）		
			15	18	24
基　　价　（元）			**753.10**	**903.25**	**1403.75**
其中	人　工　费　（元）		52.40	52.40	52.40
	材　料　费　（元）		700.70	850.85	1351.35
	机　械　费　（元）		－	－	－
名　　称	单位	单价(元)	消　　耗		量
人工	综合工日	工日	40.00	1.31	1.31	1.31
材料	防爬器 15kg	个	7.00	100.100	－	－
	防爬器 18kg	个	8.50	－	100.100	－
	防爬器 24kg	个	13.50	－	－	100.100

十二、拆除防爬器、轨距杆

工作内容:拆除材料收集堆放。

单位:100 个

定　额　编　号				5-3-110	5-3-111
项　　目				防爬器	轨距杆
基　　价　（元）				**35.60**	**27.20**
其 中	人　工　费（元）			35.60	27.20
	材　料　费（元）			–	–
	机　械　费（元）			–	–
名　　　称		单位	单价(元)	消　　耗　　量	
人 工	综合工日	工日	40.00	0.89	0.68

十三、铺设平交道

工作内容:1. 散运材料。2. 铺设及整修。3. 清理工作面。

单位:每10m

定　额　编　号				5-3-112	5-3-113	5-3-114
项　　目				轨距		
				600	762	900
				木铺面		
基　　价　（元）				**4103.48**	**4766.41**	**5262.92**
其 中	人　工　费　（元）			233.60	295.20	350.80
	材　料　费　（元）			3869.88	4471.21	4912.12
	机　械　费　（元）			–	–	–
	名　　称	单位	单价(元)	消　　耗		量
人工	综合工日	工日	40.00	5.84	7.38	8.77
材 料	木材	m³	1500.00	1.610	1.940	2.100
	方钉 15×15×180	个	4.10	294.780	319.260	367.200
	角钢	kg	3.50	59.420	59.420	59.420
	其他材料费	%	–	1.000	1.000	1.000

十四、线路拆除

工作内容:拆除及材料收集堆放。

单位:每 km

定 额 编 号			5-3-115	5-3-116	5-3-117	5-3-118
项 目			木枕		混凝土枕	
			1600 根以下	1900 根以下	1600 根以下	1900 根以下
基 价 (元)			**2571.60**	**2998.80**	**5370.80**	**6262.00**
其中	人 工 费 (元)		2571.60	2998.80	5370.80	6262.00
	材 料 费 (元)		-	-	-	-
	机 械 费 (元)					
名 称	单位	单价(元)	消 耗 量			
人工 综合工日	工日	40.00	64.29	74.97	134.27	156.55

十五、道岔拆除

工作内容:拆除及材料收集堆放。

单位:1 副

定　额　编　号			5-3-119	5-3-120
项　　目			单开与对称	交叉渡线
基　　价（元）			**150.40**	**750.80**
其 中	人　工　费（元）		150.40	750.80
	材　料　费（元）		-	-
	机　械　费（元）		-	-
名　　称	单位	单价(元)	消　耗　量	
人 工　综合工日	工日	40.00	3.76	18.77

十六、道岔试运后整修

工作内容:道岔改正轨距及拨道、调整轨缝、道岔捣固、整理道床。

单位:组

定 额 编 号			5-3-121	5-3-122	5-3-123	5-3-124	5-3-125	5-3-126
项 目			碎石道碴					
			单开道岔			对称道岔		交叉渡线
			611~618	718~724	918~924	615~618	718	615
基 价 （元）			**389.20**	**433.20**	**487.20**	**559.20**	**635.00**	**1810.00**
其中	人 工 费 （元）		289.20	323.20	357.20	459.20	510.00	1360.00
	材 料 费 （元）		100.00	110.00	130.00	100.00	125.00	450.00
	机 械 费 （元）		–	–	–	–	–	–
名 称	单位	单价(元)	消	耗		量		
人工 综合工日	工日	40.00	7.23	8.08	8.93	11.48	12.75	34.00
材料 碎石道碴	m³	50.00	2.000	2.200	2.600	2.000	2.500	9.000

工作内容:道岔改正轨距及拨道、调整轨缝、道岔捣固、整理道床。 单位:组

定 额 编 号			5-3-127	5-3-128	5-3-129	5-3-130	5-3-131	5-3-132
项 目			混碴					
			单开道岔			对称道岔		交叉渡线
			611~618	718~724	918~924	615~618	718	615
基 价 (元)			**291.20**	**333.90**	**377.00**	**428.00**	**483.50**	**1335.00**
其 中	人 工 费 (元)		221.20	246.40	272.00	358.00	396.00	1020.00
	材 料 费 (元)		70.00	87.50	105.00	70.00	87.50	315.00
	机 械 费 (元)		—	—	—	—	—	—
名 称	单位	单价(元)	消 耗 量					
人工 综合工日	工日	40.00	5.53	6.16	6.80	8.95	9.90	25.50
材料 混碴	m³	35.00	2.000	2.500	3.000	2.000	2.500	9.000

十七、线路试运后沉落整修

工作内容:改正轨距及拨道、调整轨缝、线路捣固、整理道床。

单位:km

定　额　编　号			5-3-133	5-3-134	5-3-135	5-3-136	5-3-137	5-3-138
项　　目			碎石道碴					
			木枕			混凝土枕		
			1500	1700	1900	1500	1700	1900
基　　价　（元）			**3290.00**	**3644.50**	**4183.00**	**3808.45**	**4247.25**	**4868.95**
其中	人　工　费　（元）		2040.00	2312.00	2584.00	2567.20	2924.00	3281.20
	材　料　费　（元）		1250.00	1332.50	1599.00	1241.25	1323.25	1587.75
	机　械　费　（元）		－	－	－	－	－	－
名　称	单位	单价(元)	消　　　　耗　　　　量					
人工 综合工日	工日	40.00	51.00	57.80	64.60	64.18	73.10	82.03
材料 碎石道碴	m³	50.00	25.000	26.650	31.980	24.825	26.465	31.755

工作内容：改正轨距及拨道、调整轨缝、线路捣固、整理道床。

单位：km

定　额　编　号			5-3-139	5-3-140	5-3-141	5-3-142	5-3-143	5-3-144
项　　目			混碴					
			木枕			混凝土枕		
			1500	1700	1900	1500	1700	1900
基　　价　（元）			2334.70	2558.20	2867.50	2652.08	2942.88	3328.45
其 中	人　工　费　（元）		1547.20	1683.20	1870.00	1870.00	2074.00	2329.20
	材　料　费　（元）		787.50	875.00	997.50	782.08	868.88	999.25
	机　械　费　（元）		－	－	－	－	－	－
名　　称	单位	单价(元)	消　　　　耗　　　　量					
人 工 综合工日	工日	40.00	38.68	42.08	46.75	46.75	51.85	58.23
材 料 混碴	m³	35.00	22.500	25.000	28.500	22.345	24.825	28.550

十八、其他项目

工作内容：车挡包括：挖、运、推土及夯实、设车挡标志。

定 额 编 号			5-3-145	5-3-146	5-3-147	5-3-148	5-3-149	5-3-150	5-3-151
项 目			锯钢轨			钢轨钻孔			堆土车挡
			钢轨类型（kg/m）						
			15	18	24	15	18	24	
单 位			每10口	每10口	每10口	每10孔	每10孔	每10孔	每1处
基 价（元）			**94.40**	**105.60**	**117.20**	**44.80**	**48.00**	**52.80**	**276.46**
其中	人 工 费（元）		94.40	105.60	117.20	44.80	48.00	52.80	210.80
	材 料 费（元）		–	–	–	–	–	–	65.66
	机 械 费（元）		–	–	–	–	–	–	–
名 称	单位	单价（元）	消 耗 量						
人工 综合工日	工日	40.00	2.36	2.64	2.93	1.12	1.20	1.32	5.27
材料 木撑方材	m³	2167.00	–	–	–	–	–	–	0.030
料 其他材料费	%	–	–	–	–	–	–	–	1.000

第四章　道路路面工程

说　　明

一、本章定额包括道路的基层和面层等项目。

二、基层中各种材料是按常规的配合比编制的,如设计规定与定额不同时,允许换算,但人工和机械台班的消耗量不得调整。

三、垫层或基层压实厚度在 20cm 以内和面层压实厚度在 15cm 以内时,压路机台班和拖拉机台班按定额数量计算,如超出以上压实厚度,进行分层拌和、碾压时,压路机和拖拉机台班按定额数量乘以 2.0 系数调整。

四、沥青混凝土、黑色碎石、水泥混凝土路面,所需的面层熟料如采用定点搅拌时,其运至施工作业面所需的运费另行计算。

五、压路机台班定额量系按双车道路面宽度考虑的。如设计为单车道路面宽度时,8t 内燃压路机台班按定额量乘以 1.15 系数,12 ~ 15t 内燃压路机台班定额量乘以 1.47 系数。

不同基层厚度的大块碎石粒度可按设计要求或参考下表数值取定:

基层厚度(mm)	大块碎石粒度(mm)及比例		
500	500 ~ 350 占 10%	350 ~ 250 占 70%	<250 占 20%
600	600 ~ 450 占 10%	450 ~ 300 占 70%	<300 占 20%
700	700 ~ 550 占 10%	550 ~ 350 占 70%	<350 占 20%
800	800 ~ 600 占 10%	600 ~ 350 占 70%	<300 占 20%
1000	1000 ~ 700 占 10%	700 ~ 350 占 70%	<350 占 20%

六、水泥混凝土路面,已综合考虑了前台的运输工具不同及有筋无筋等不同所影响的工效,使用时均不换算。水泥混凝土路面中未包括钢筋用量。如设计有筋时,其钢筋用量另计。

七、水泥混凝土路面均按现场搅拌机搅和。

八、喷洒沥青油料定额中,分别列有石油沥青和乳化沥青两种油料,应根据设计要求套用相应项目。

工程量计算规则

一、路面工程的直线段、曲线段、交叉路口、回车道、停车场等工程量的计算,均以施工图所示尺寸为准,计算时不得四舍五入,其计算结果可取整数。

二、道路直线段的路面面积工程量按路面结构层的宽度乘以长度以 m² 计算;曲线段的路面面积工程量除按上述规定计算外,还应加上曲线段面加宽值乘以曲线长度和两倍曲线加宽缓和段的面积。

三、沥青混凝土路面、黑色碎石路面所需要的面层熟料采用定点搅拌时,其运至作业面所需的运费按下表计算。

项　　目	运　　　　　距			
	5km 以内	10km 以内	15km 以内	15km 以外每公里增减
运费(元/m³)	37.75	45.00	56.25	1.25

四、道路工程路基应按设计车行道宽度另计两侧加宽值,其加宽值按每边 30cm 计算。

五、交叉路口直线段路面工程量不得重复计算,路口弯道面积要单独计算。

一、路面垫层

工作内容:挂线、铺筑、整平、洒水、碾压。

单位:1000m²

定 额 编 号			5-4-1	5-4-2	5-4-3	5-4-4	5-4-5	5-4-6
项 目			压实厚度 12cm			每增减 1cm		
			砂	砂土	砂砾	砂	砂土	砂砾
基 价 (元)			**7856.13**	**6760.13**	**9277.70**	**571.60**	**480.60**	**697.50**
其中	人 工 费 (元)		1067.20	1067.20	1188.00	21.60	21.60	56.00
	材 料 费 (元)		6620.00	5524.00	7706.00	550.00	459.00	641.50
	机 械 费 (元)		168.93	168.93	383.70	-	-	-
名 称	单位	单价(元)	消		耗		量	
人工 综合工日	工日	40.00	26.68	26.68	29.70	0.54	0.54	1.40
材料 细砂	m³	42.00	156.000	-	-	13.000	-	-
砂土	m³	35.00	-	156.000	-	-	13.000	-
天然级配砾石	m³	50.00	-	-	153.000	-	-	12.750
水	m³	4.00	17.000	16.000	14.000	1.000	1.000	1.000
机械 光轮压路机(内燃) 8t	台班	335.17	0.504	0.504	0.257	-	-	-
光轮压路机(内燃) 15t	台班	549.01	-	-	0.542	-	-	-

二、干压碎石及手摆片石基层

工作内容:挂线、消解石灰、拌灰土、铺筑与摆砌、修石、嵌缝、整平、洒水、碾压。

单位:1000m²

定 额 编 号			5-4-7	5-4-8	5-4-9	5-4-10
项 目			干压碎石		手摆片石	
			压实厚度12cm	每增减1cm	压实厚度16cm	每增减1cm
基 价 (元)			**10599.59**	**754.45**	**13240.03**	**683.95**
其中	人 工 费 (元)		1529.20	30.40	2769.60	56.00
	材 料 费 (元)		8682.85	724.05	10028.10	627.95
	机 械 费 (元)		387.54	–	442.33	–
名 称	单位	单价(元)	消 耗 量			
人工 综合工日	工日	40.00	38.23	0.76	69.24	1.40
材料 生石灰	kg	0.15	1069.000	89.000	–	–
黏土	m³	20.00	6.400	0.540	–	–
碎石 20mm	m³	50.00	11.480	0.960	–	–
碎石 40mm	m³	50.00	17.220	1.440	43.440	2.740
碎石 60mm	m³	50.00	139.110	11.590	–	–
片石	m³	45.00	–	–	174.580	10.910
水	m³	4.00	1.000	0.100	–	–
机械 光轮压路机(内燃)8t	台班	335.17	0.257	–	0.124	–
光轮压路机(内燃)15t	台班	549.01	0.542	–	0.722	–
其他机械费	%	–	1.000	–	1.000	–

三、级配砾石掺灰基层

工作内容:消解石灰、铺料、铺灰、拌和、洒水、耙平、整型、碾压。

单位:1000m²

定 额 编 号			5-4-11	5-4-12	5-4-13	5-4-14
项 目			人工拌和		机械拌和	
			压实厚度(cm)			
			10	每增减1	10	每增减1
基 价 (元)			8754.55	865.30	9093.26	809.30
其中	人 工 费 (元)		1723.60	151.20	1183.60	95.20
	材 料 费 (元)		6543.60	714.10	7128.80	714.10
	机 械 费 (元)		487.35	–	780.86	–
名 称	单位	单价(元)	消 耗 量			
人工 综合工日	工日	40.00	43.09	3.78	29.59	2.38
材料 生石灰	kg	0.15	6644.000	664.000	6644.000	664.000
黏土	m³	20.00	3.250	3.250	32.510	3.250
天然级配砾石	m³	50.00	108.280	10.830	108.280	10.830
水	m³	4.00	17.000	2.000	17.000	2.000
机械 履带式拖拉机55kW	台班	509.83	–	–	0.570	–
光轮压路机(内燃)8t	台班	335.17	0.257	–	0.257	–
光轮压路机(内燃)15t	台班	549.01	0.722	–	0.722	–
其他机械费	%	–	1.000	–	1.000	–

四、碎(砾)石灰土基层

工作内容: 1.整理路基。2.消解石灰。3.拖拉机拌和。4.铺料、洒水、整型、碾压。5.初期养护。

单位:1000m²

定 额 编 号			5-4-15	5-4-16	5-4-17	5-4-18	5-4-19	5-4-20
项 目			碎(砾)石含量30%					
			石灰含量8%		石灰含量10%		石灰含量12%	
			压实厚度(cm)					
			15	每增减1	15	每增减1	15	每增减1
基 价 (元)			**11302.96**	**654.62**	**12120.66**	**707.67**	**12938.40**	**760.31**
其中	人 工 费 (元)		2851.20	142.40	3062.80	155.60	3270.40	168.40
	材 料 费 (元)		7670.90	512.22	8277.00	552.07	8887.14	591.91
	机 械 费 (元)		780.86	—	780.86	—	780.86	—
名 称	单位	单价(元)	消	耗		量		
人工 综合工日	工日	40.00	71.28	3.56	76.57	3.89	81.76	4.21
材料 生石灰	kg	0.15	16871.000	1125.000	21089.000	1406.000	25307.000	1687.000
外购土	m³	10.00	186.580	12.440	182.520	12.170	178.460	11.900
碎石 60mm	m³	50.00	61.730	4.120	61.730	4.120	61.730	4.120
水	m³	4.00	28.000	2.000	30.000	2.000	33.000	2.000
其他材料费	%	—	1.000	1.000	1.000	1.000	1.000	1.000
机械 履带式拖拉机 55kW	台班	509.83	0.570	—	0.570	—	0.570	—
光轮压路机(内燃)8t	台班	335.17	0.257	—	0.257	—	0.257	—
光轮压路机(内燃)15t	台班	549.01	0.722	—	0.722	—	0.722	—
其他机械费	%	—	—	1.000	—	1.000	—	1.000

工作内容:1.整理路基。2.消解石灰。3.拖拉机拌和。4.铺料、洒水、整型、碾压。5.初期养护。

单位:1000m²

定 额 编 号				5-4-21	5-4-22	5-4-23	5-4-24	5-4-25	5-4-26
项 目				碎(砾)石含量40%					
				石灰含量8%		石灰含量10%		石灰含量12%	
				压实厚度(cm)					
				15	每增减1	15	每增减1	15	每增减1
基 价 (元)				**11569.68**	**673.04**	**12267.74**	**720.03**	**12969.59**	**763.01**
其中	人 工 费 (元)			2721.60	134.00	2898.80	146.80	3076.00	155.60
	材 料 费 (元)			8067.22	539.04	8588.08	573.23	9112.73	607.41
	机 械 费 (元)			780.86	–	780.86	–	780.86	–
名 称		单位	单价(元)	消	耗		量		
人工	综合工日	工日	40.00	68.04	3.35	72.47	3.67	76.90	3.89
材料	生石灰	kg	0.15	14461.000	964.000	18077.000	1205.000	21692.000	1446.000
	外购土	m³	10.00	159.920	10.660	156.450	10.430	152.970	10.200
	碎石 60mm	m³	50.00	82.300	5.490	82.300	5.490	82.300	5.490
	水	m³	4.00	26.000	2.000	28.000	2.000	31.000	2.000
	其他材料费	%	–	–	1.000	1.000	1.000	1.000	1.000
机械	履带式拖拉机 55kW	台班	509.83	0.570	–	0.570	–	0.570	–
	光轮压路机(内燃)8t	台班	335.17	0.257	–	0.257	–	0.257	–
	光轮压路机(内燃)15t	台班	549.01	0.722	–	0.722	–	0.722	–
	其他机械费	%	–	–	1.000	–	1.000	–	1.000

工作内容: 1.整理路基。2.消解石灰。3.拖拉机拌和。4.铺料、洒水、整型、碾压。5.初期养护。 单位:1000m²

定 额 编 号			5-4-27	5-4-28	5-4-29	5-4-30	5-4-31	5-4-32
项 目			碎(砾)石含量50%					
			石灰含量8%		石灰含量10%		石灰含量12%	
			压实厚度(cm)					
			15	每增减1	15	每增减1	15	每增减1
基 价 (元)			**11841.05**	**695.45**	**12427.51**	**732.79**	**13005.53**	**769.72**
其中	人 工 费 (元)		2592.00	129.60	2743.20	138.40	2890.00	146.80
	材 料 费 (元)		8468.19	565.85	8903.45	594.39	9334.67	622.92
	机 械 费 (元)		780.86	–	780.86	–	780.86	–
名 称	单位	单价(元)	消	耗		量		
人工 综合工日	工日	40.00	64.80	3.24	68.58	3.46	72.25	3.67
材料 生石灰	kg	0.15	12051.000	803.000	15064.000	1004.000	18077.000	1205.000
外购土	m³	10.00	133.270	8.880	130.370	8.690	127.470	8.500
碎石 60mm	m³	50.00	102.880	6.860	102.880	6.860	102.880	6.860
水	m³	4.00	25.000	2.000	27.000	2.001	28.000	2.000
其他材料费	%	–	1.000	1.000	1.000	1.000	1.000	1.000
机械 履带式拖拉机 55kW	台班	509.83	0.570	–	0.570	–	0.570	–
光轮压路机(内燃) 8t	台班	335.17	0.257	–	0.257	–	0.257	–
光轮压路机(内燃) 15t	台班	549.01	0.722	–	0.722	–	0.722	–
其他机械费	%	–	1.000	–	1.000	–	1.000	–

五、泥灰结碎石基层

工作内容:1.清扫整理基层。2.消解石灰。3.铺料、整平。4.调浆、灌浆。5.撒铺嵌缝料、整型、洒水、碾压、找补。   单位:1000m²

定 额 编 号			5-4-33	5-4-34	5-4-35	5-4-36
项 目			人工摊铺		机械摊铺	
			压实厚度(cm)			
			8	每增减1	8	每增减1
基 价 (元)			**8316.85**	**938.75**	**8287.86**	**903.00**
其中	人 工 费 (元)		1712.00	184.00	1124.00	116.00
	材 料 费 (元)		6036.05	754.75	5940.05	742.75
	机 械 费 (元)		568.80	–	1223.81	44.25
名 称	单位	单价(元)	消 耗 量			
人工 综合工日	工日	40.00	42.80	4.60	28.10	2.90
材料 水	m³	4.00	24.000	3.000	–	–
生石灰	kg	0.15	3461.000	433.000	3461.000	433.000
黏土	m³	20.00	19.920	2.490	19.920	2.490
石屑	m³	50.00	10.050	1.260	10.050	1.260
碎石 40mm	m³	50.00	8.860	1.110	8.860	1.110
碎石 60mm	m³	50.00	81.540	10.190	81.540	10.190
机械 平地机 120kW	台班	933.70	–	–	0.342	–
光轮压路机(内燃)8t	台班	335.17	0.342	–	0.342	–
光轮压路机(内燃)15t	台班	549.01	0.817	–	0.817	–
洒水车 4000L	台班	417.24	–	–	0.789	0.105
其他机械费	%	–	1.000	–	1.000	1.000

六、山皮石底层

工作内容:清理路床、放样、取运料、摊铺、找平、整型、洒水、碾压。

单位:100m²

定　额　编　号				5-4-37	5-4-38	5-4-39	5-4-40	5-4-41
项　　目				人工摊铺				
				压实厚度(cm)				
				7	10	15	20	25
基　　价　(元)				**585.95**	**791.10**	**1152.03**	**1254.13**	**1872.70**
其中	人　工　费　(元)			147.60	194.00	271.60	109.20	425.60
	材　料　费　(元)			370.19	528.94	793.41	1057.91	1322.38
	机　械　费　(元)			68.16	68.16	87.02	87.02	124.72
名　　称		单位	单价(元)	消	耗		量	
人工	综合工日	工日	40.00	3.69	4.85	6.79	2.73	10.64
材料	山皮石	m³	39.00	9.280	13.260	19.890	26.520	33.150
	水	m³	4.00	1.150	1.640	2.460	3.290	4.110
	其他材料费	%	－	1.000	1.000	1.000	1.000	1.000
机械	光轮压路机(内燃) 8t	台班	335.17	0.031	0.031	0.031	0.031	0.031
	光轮压路机(内燃) 15t	台班	549.01	0.104	0.104	0.138	0.138	0.206
	其他机械费	%	－	1.000	1.000	1.000	1.000	1.000

工作内容：清理路床、放样、取运料、摊铺、找平、整型、洒水、碾压。

单位：100m²

定 额 编 号			5-4-42	5-4-43	5-4-44	5-4-45	5-4-46
项 目			人机配合				
			压实厚度（cm）				
			7	10	15	20	25
基 价 （元）			514.08	697.84	1016.09	1319.72	1656.25
其中	人 工 费 （元）		36.80	42.00	49.60	58.00	66.40
	材 料 费 （元）		370.19	528.94	793.41	1057.91	1322.38
	机 械 费 （元）		107.09	126.90	173.08	203.81	267.47
名 称	单位	单价（元）	消	耗		量	
人工 综合工日	工日	40.00	0.92	1.05	1.24	1.45	1.66
材料 山皮石	m³	39.00	9.280	13.260	19.890	26.520	33.150
水	m³	4.00	1.150	1.640	2.460	3.290	4.110
其他材料费	%	—	1.000	1.000	1.000	1.000	1.000
机械 平地机 90kW	台班	676.26	0.057	0.086	0.126	0.171	0.209
光轮压路机（内燃）8t	台班	335.17	0.031	0.031	0.031	0.031	0.031
光轮压路机（内燃）15t	台班	549.01	0.104	0.104	0.138	0.138	0.206
其他机械费	%	—	1.000	1.000	1.000	1.000	1.000

七、填隙碎石基层

工作内容:1.清扫整理基层。2.铺料。3.撒铺填隙料。4.整型、洒水、碾压、找补。

单位:1000m²

定 额 编 号			5-4-47	5-4-48	5-4-49	5-4-50	5-4-51
项 目			人工摊铺				
			压实厚度(cm)				
			8	9	10	11	12
基 价 (元)			**7593.00**	**8410.00**	**9226.00**	**10042.00**	**10871.00**
其中	人 工 费 (元)		1136.00	1256.00	1376.00	1496.00	1628.00
	材 料 费 (元)		5587.00	6284.00	6980.00	7676.00	8373.00
	机 械 费 (元)		870.00	870.00	870.00	870.00	870.00
名 称	单位	单价(元)	消	耗	量		
人工 综合工日	工日	40.00	28.40	31.40	34.40	37.40	40.70
材料	水	m³	4.00	4.000	4.000	4.000	4.000	4.000
	石屑	m³	50.00	28.970	32.590	36.210	39.830	34.770
	碎石 15mm	m³	50.00	—	—	—	—	8.690
	碎石 40mm	m³	50.00	49.470	32.470	36.070	39.680	—
	碎石 60mm	m³	50.00	32.980	60.300	67.000	73.690	49.470
	碎石 80mm	m³	50.00	—	—	—	—	74.210
机械	光轮压路机(内燃) 8t	台班	335.17	0.513	0.513	0.513	0.513	0.513
	光轮压路机(内燃) 15t	台班	549.01	0.608	0.608	0.608	0.608	0.608
	振动压路机 15t	台班	1039.91	0.342	0.342	0.342	0.342	0.342
	其他机械费	%	—	1.000	1.000	1.000	1.000	1.000

工作内容:1.清扫整理基层。2.铺料。3.撒铺填隙料。4.整型、洒水、碾压、找补。　　　　　　　　单位:1000m²

定　额　编　号			5-4-52	5-4-53	5-4-54	5-4-55	5-4-56
项　　　目			机械摊铺				
			压实厚度(cm)				
			8	9	10	11	12
基　　　价　(元)			**7395.52**	**8152.52**	**8908.52**	**9664.52**	**10377.52**
其中	人　工　费　(元)		632.00	692.00	752.00	812.00	828.00
	材　料　费　(元)		5571.00	6268.00	6964.00	7660.00	8357.00
	机　械　费　(元)		1192.52	1192.52	1192.52	1192.52	1192.52
名　　　称	单位	单价(元)	消	耗		量	
人工 综合工日	工日	40.00	15.80	17.30	18.80	20.30	20.70
材料	石屑	m³	50.00	28.970	32.590	36.210	39.830	34.770
	碎石15mm	m³	50.00	–	–	–	–	8.690
	碎石40mm	m³	50.00	49.470	32.470	36.070	39.680	–
	碎石60mm	m³	50.00	32.980	60.300	67.000	73.690	49.470
	碎石80mm	m³	50.00	–	–	–	–	74.210
机械	平地机120kW	台班	933.70	0.342	0.342	0.342	0.342	0.342
	光轮压路机(内燃)8t	台班	335.17	0.513	0.513	0.513	0.513	0.513
	光轮压路机(内燃)15t	台班	549.01	0.608	0.608	0.608	0.608	0.608
	振动压路机15t	台班	1039.91	0.342	0.342	0.342	0.342	0.342
	其他机械费	%	–	1.000	1.000	1.000	1.000	1.000

八、水泥稳定砂砾

工作内容:上料、机械整平沙砾、人工铺水泥、科学拌和、洒水、平地机刮平、人工处理拌和不均匀之处、清除杂物、碾压、洒水养生。

单位:100m²

定 额 编 号			5-4-57	5-4-58	5-4-59	5-4-60	5-4-61	5-4-62
项 目			路拌机械摊铺					
			水泥4%			水泥6%		
			压实厚度(cm)					
			10	15	20	10	15	20
基 价 (元)			**1422.60**	**1758.34**	**2458.22**	**1552.05**	**2155.58**	**2715.50**
其中	人 工 费 (元)		214.80	96.00	341.20	230.80	322.80	371.60
	材 料 费 (元)		857.81	1286.74	1715.82	971.26	1457.18	1942.70
	机 械 费 (元)		349.99	375.60	401.20	349.99	375.60	401.20
名 称	单位	单价(元)	消	耗		量		
人工 综合工日	工日	40.00	5.37	2.40	8.53	5.77	8.07	9.29
材料 天然级配砾石	m³	50.00	12.240	18.360	24.480	12.240	18.360	24.480
水泥 32.5	t	270.00	0.832	1.248	1.665	1.248	1.873	2.497
水	m³	4.00	3.170	4.760	6.320	3.170	4.760	6.320
其他材料费	%	-	1.000	1.000	1.000	1.000	1.000	1.000
机械 履带式推土机 75kW	台班	785.32	0.162	0.181	0.200	0.162	0.181	0.200
光轮压路机(内燃) 8t	台班	335.17	0.038	0.038	0.038	0.038	0.038	0.038
光轮压路机(内燃) 15t	台班	549.01	0.247	0.266	0.285	0.247	0.266	0.285
平地机 120kW	台班	933.70	0.076	0.076	0.076	0.076	0.076	0.076
其他机械费	%	-	1.000	1.000	1.000	1.000	1.000	1.000

九、粒料改善土壤路面

工作内容:1. 挖松路基。2. 粉碎土块、掺料、洒水、拌和。3. 整型、碾压。

单位:1000m²

定 额 编 号			5-4-63	5-4-64	5-4-65	5-4-66	5-4-67
项 目			黏土路基				沙路基
			掺配材料				
			砂		砾石		黏土
			压实厚度(cm)				
			10	每增减1	10	每增减1	5
基 价 (元)			**5482.46**	**432.18**	**6196.39**	**504.55**	**2065.94**
其中	人 工 费 (元)		1052.00	80.00	1208.00	96.00	572.00
	材 料 费 (元)		3538.22	352.18	4096.15	408.55	660.40
	机 械 费 (元)		892.24	–	892.24	–	833.54
名 称	单位	单价(元)	消	耗	量		
人工	综合工日	工日	40.00	26.30	2.00	30.20	2.40	14.30
材料	水	m³	4.00	14.000	1.000	13.000	1.000	7.000
	细砂	m³	42.00	82.910	8.290	–	–	–
	黏土	m³	20.00	–	–	–	–	31.620
	砾石 60mm	m³	45.00	–	–	89.870	8.990	–
机械	履带式拖拉机 55kW	台班	509.83	0.684	–	0.684	–	0.570
	光轮压路机(内燃) 8t	台班	335.17	0.257	–	0.257	–	0.257
	光轮压路机(内燃) 15t	台班	549.01	0.817	–	0.817	–	0.817
	其他机械费	%	–	1.000	–	1.000	–	1.000

十、泥结碎石路面

工作内容：1.清扫整理基层。2.铺料、整平。3.调浆、灌浆。4.撒铺嵌缝料、整型、洒水、碾压、找补。

单位：1000m²

定 额 编 号			5-4-68	5-4-69	5-4-70	5-4-71	5-4-72	5-4-73	5-4-74	5-4-75
项 目			人工摊铺				机械摊铺			
			压实厚度（cm）							
			8		每增减1		8		每增减1	
			面层	基层	面层	基层	面层	基层	面层	基层
基 价（元）			**7847.31**	**7686.51**	**889.30**	**889.30**	**7560.85**	**7461.83**	**809.30**	**809.30**
其中	人 工 费（元）		1664.00	1664.00	176.00	176.00	1060.00	1060.00	108.00	108.00
	材 料 费（元）		5717.10	5717.10	713.30	713.30	5613.10	5613.10	701.30	701.30
	机 械 费（元）		466.21	305.41	—	—	887.75	788.73	—	—
名 称	单位	单价（元）	消			耗		量		
人工 综合工日	工日	40.00	41.60	41.60	4.40	4.40	26.50	26.50	2.70	2.70
材料 水	m³	4.00	26.000	26.000	3.000	3.000	—	—	—	—
黏土	m³	20.00	23.530	23.530	2.940	2.940	23.530	23.530	2.940	2.940
石屑	m³	50.00	9.320	9.320	1.160	1.160	9.320	9.320	1.160	1.160
碎石 20mm	m³	50.00	9.320	—	1.160	—	9.320	—	1.160	—
碎石 40mm	m³	50.00	84.210	9.320	10.530	1.160	84.210	9.320	10.530	1.160
碎石 60mm	m³	50.00	—	84.210	—	10.530	—	84.210	—	10.530
机械 平地机 120kW	台班	933.70	—	—	—	—	0.447	0.342	—	—
光轮压路机（内燃）15t	台班	549.01	0.342	0.342	—	—	0.342	0.342	—	—
光轮压路机（内燃）8t	台班	335.17	0.817	0.342	—	—	0.817	0.817	—	—
其他机械费	%	—	1.000	1.000	—	—	1.000	1.000	1.000	1.000

十一、级配碎石路面

工作内容:1.清扫整理基层。2.铺料、洒水、拌和。3.整型、碾压、找补。

单位:1000m²

定　额　编　号			5-4-76	5-4-77	5-4-78	5-4-79	5-4-80	5-4-81
项　目			人工摊铺集料,拖拉机带铧犁拌和					
			压实厚度(cm)					
			8			每增减1		
			面层	基层	底基层	面层	基层	底基层
基　　价　(元)			**8355.69**	**8689.89**	**8627.55**	**877.10**	**1067.50**	**925.50**
其中	人　工　费　(元)		1420.00	1428.00	1476.00	144.00	144.00	152.00
	材　料　费　(元)		5863.80	6190.00	6190.00	733.10	923.50	773.50
	机　械　费　(元)		1071.89	1071.89	961.55	—	—	—
名　称	单位	单价(元)	消　　　　耗　　　　量					
人工 综合工日	工日	40.00	35.50	35.70	36.90	3.60	3.60	3.80
材料 黏土	m³	20.00	14.640	—	—	1.830	—	—
石屑	m³	50.00	49.520	55.710	—	6.190	9.960	—
碎石 20mm	m³	50.00	37.140	37.140	—	4.640	4.640	—
碎石 40mm	m³	50.00	24.760	30.950	86.660	3.100	3.870	10.830
碎石 60mm	m³	50.00	—	—	37.140	—	—	4.640
机械 履带式拖拉机 75kW	台班	751.27	0.295	0.295	0.295	—	—	—
光轮压路机(内燃)8t	台班	335.17	0.171	0.171	0.171	—	—	—
光轮压路机(内燃)15t	台班	549.01	1.425	1.425	1.226	—	—	—
其他机械费	%	—	1.000	1.000	1.000	1.000	1.000	1.000

工作内容:1.清扫整理基层。2.铺料、洒水、拌和。3.整型、碾压、找补。　　　　　　　　　　　　　单位:1000m²

定　额　编　号			5-4-82	5-4-83	5-4-84	5-4-85	5-4-86	5-4-87
项　　目			机械摊铺,平地机拌和					
			压实厚度(cm)					
			8			每增减1		
			面层	基层	底基层	面层	基层	底基层
基　　价　(元)			**8512.01**	**8752.62**	**8562.28**	**789.10**	**829.50**	**821.50**
其中	人　工　费　(元)		644.00	648.00	568.00	56.00	56.00	48.00
	材　料　费　(元)		5863.80	6190.00	6190.00	733.10	773.50	773.50
	机　械　费　(元)		2004.21	1914.62	1804.28	–	–	–
名　称	单位	单价(元)	消　　　　耗　　　　量					
人工 综合工日	工日	40.00	16.10	16.20	14.20	1.40	1.40	1.20
材料 黏土	m³	20.00	14.640	–	–	1.830	–	–
石屑	m³	50.00	49.520	55.710	–	6.190	6.960	–
碎石 20mm	m³	50.00	37.140	37.140	–	4.640	4.640	–
碎石 40mm	m³	50.00	24.760	30.950	86.660	3.100	3.870	10.830
碎石 60mm	m³	50.00	–	–	37.140	–	–	4.640
机械 平地机 120kW	台班	933.70	1.226	1.131	1.131	–	–	–
光轮压路机(内燃) 8t	台班	335.17	0.171	0.171	0.171	–	–	–
光轮压路机(内燃) 15t	台班	549.01	1.425	1.425	1.226	–	–	–
其他机械费	%	–	1.000	1.000	1.000	1.000	1.000	1.000

工作内容:1. 清扫整理基层。2. 铺料、洒水、拌和。3. 整型、碾压、找补。

定 额 编 号			5-4-88	5-4-89	5-4-90	5-4-91	5-4-92	5-4-93
项 目			机械摊铺集料,拖拉机带铧犁拌和					
			压实厚度(cm)					
			8			每增减1		
			面层	基层	底基层	面层	基层	底基层
基 价 (元)			**8044.68**	**8271.86**	**8081.52**	**789.10**	**829.50**	**821.50**
其中	人 工 费 (元)		648.00	648.00	568.00	56.00	56.00	48.00
	材 料 费 (元)		5863.80	6190.00	6190.00	733.10	773.50	773.50
	机 械 费 (元)		1532.88	1433.86	1323.52	—	—	—
名 称	单位	单价(元)	消	耗		量		
人工	综合工日	工日	40.00	16.20	16.20	14.20	1.40	1.40	1.20
材料	黏土	m³	20.00	14.640	—	—	1.830	—	—
	石屑	m³	50.00	49.520	55.710	—	6.190	6.960	—
	碎石 20mm	m³	50.00	37.140	37.140	—	4.640	4.640	—
	碎石 40mm	m³	50.00	24.760	30.950	86.660	3.100	3.870	10.830
	碎石 60mm	m³	50.00	—	—	37.140	—	—	4.640
机械	平地机 120kW	台班	933.70	0.447	0.342	0.342	—	—	—
	履带式推土机 90kW	台班	883.68	0.295	0.295	0.295	—	—	—
	光轮压路机(内燃)8t	台班	335.17	0.171	0.171	0.171	—	—	—
	光轮压路机(内燃)15t	台班	549.01	1.425	1.425	1.226	—	—	—
	其他机械费	%	—	1.000	1.000	1.000	1.000	1.000	1.000

十二、天然砂砾路面

工作内容:1. 清扫整理基层。2. 铺料、整平。3. 洒水、碾压、找补。

单位:1000m²

定 额 编 号				5-4-94	5-4-95	5-4-96	5-4-97
项 目				人工摊铺		机械摊铺	
				压实厚度(cm)			
				10	每增减1	10	每增减1
基 价 (元)				8152.14	752.00	7586.65	668.00
其中	人 工 费 (元)			1556.00	136.00	720.00	56.00
	材 料 费 (元)			6172.00	616.00	6120.00	612.00
	机 械 费 (元)			424.14	–	746.65	–
名 称		单位	单价(元)	消 耗 量			
人工	综合工日	工日	40.00	38.90	3.40	18.00	1.40
材料	水	m³	4.00	13.000	1.000	–	–
	天然级配砾石	m³	50.00	122.400	12.240	122.400	12.240
机械	平地机 120kW	台班	933.70	–	–	0.342	–
	光轮压路机(内燃) 8t	台班	335.17	0.257	–	0.257	–
	光轮压路机(内燃) 15t	台班	549.01	0.608	–	0.608	–
	其他机械费	%	–	1.000	–	1.000	–

十三、磨耗层及保护层

工作内容：放线、铺料、洒水、人工拌和、找平、碾压。

单位:1000m²

定 额 编 号				5-4-98	5-4-99	5-4-100	5-4-101	5-4-102	5-4-103
项 目				石屑			砂拌土		
				压实厚度(cm)					
				1	2	3	1	2	3
基 价 (元)				**1146.44**	**1913.04**	**2786.44**	**1105.94**	**1607.66**	**2328.96**
其中	人 工 费 (元)			342.80	430.40	628.80	497.20	518.40	759.60
	材 料 费 (元)			675.00	1354.00	2029.00	480.10	960.62	1440.72
	机 械 费 (元)			128.64	128.64	128.64	128.64	128.64	128.64
名 称		单位	单价(元)	消	耗		量		
人工	综合工日	工日	40.00	8.57	10.76	15.72	12.43	12.96	18.99
材料	石屑	m³	50.00	13.260	26.520	39.780	—	—	—
	细砂	m³	42.00	—	—	—	11.050	22.110	33.160
	水	m³	4.00	3.000	7.000	10.000	4.000	8.000	12.000
机械	光轮压路机(内燃)8t	台班	335.17	0.380	0.380	0.380	0.380	0.380	0.380
	其他机械费	%	—	1.000	1.000	1.000	1.000	1.000	1.000

工作内容:放线、铺料、洒水、人工拌和、找平、碾压。　　　　　　　　　　　　　单位:1000m²

定　额　编　号					5-4-104	5-4-105	5-4-106
项　　目					石屑拌土		砂松散保护层
					压实厚度(cm)		
					2	3	
基　　价　(元)					**1949.74**	**2872.04**	**475.04**
其 中	人　工　费　(元)				577.60	878.40	128.00
	材　料　费　(元)				1243.50	1865.00	218.40
	机　械　费　(元)				128.64	128.64	128.64
名　　　称		单位	单价(元)		消　　耗		量
人 工	综合工日	工日	40.00		14.44	21.96	3.20
材 料	石屑	m³	50.00		24.230	36.340	—
	细砂	m³	42.00		—	—	5.200
	水	m³	4.00		8.000	12.000	—
机 械	光轮压路机(内燃)8t	台班	335.17		0.380	0.380	0.380
	其他机械费	%	—		1.000	1.000	1.000

十四、沥青、渣油表面处治路面

工作内容:1.清扫放样。2.安设熬油设备及用后拆除。3.熬油与运料。4.铺料、手摇洒布机浇油。5.撒嵌缝料、整型、碾压、找补。6.初期养护。

单位:1000m²

定 额 编 号			5-4-107	5-4-108	5-4-109	5-4-110
项 目			手摇洒布机层铺法			
			表面处治厚度(cm)			
			单层		双层	
			1.0	1.5		2.0
基 价 (元)			**5412.10**	**6833.83**	**8000.83**	**7741.30**
其中	人 工 费 (元)		782.00	868.40	1062.80	1170.80
	材 料 费 (元)		4501.46	5836.79	6722.39	6354.86
	机 械 费 (元)		128.64	128.64	215.64	215.64
名 称	单位	单价(元)	消 耗		量	
人工 综合工日	工日	40.00	19.55	21.71	26.57	29.27
材料 石油沥青	kg	3.30	386.250	489.250	566.500	669.500
渣油	kg	1.76	1226.250	1553.250	1798.500	1225.500
煤	kg	0.54	345.080	437.100	506.110	598.130
细砂	m³	42.00	4.160	4.160	4.160	4.160
石屑	m³	50.00	13.260	20.400	23.460	8.160
碎石 20mm	m³	50.00	—	—	—	20.400
其他材料费	%	—	1.000	1.000	1.000	1.000
机械 光轮压路机(内燃)8t	台班	335.17	0.380	0.380	0.637	0.637
其他机械费	%	—	1.000	1.000	1.000	1.000

十五、沥青、渣油贯入式路面

工作内容：1. 清扫放样。2. 熬油与运料。3. 铺料、手摇洒布机浇油。4. 撒嵌缝料、整型、碾压、找补。5. 初期养护。　　　　单位：1000m²

定　额　编　号			5-4-111	5-4-112	5-4-113	5-4-114	5-4-115
项　　目			手摇洒布机				
			压实厚度（cm）				
			4	5	6	7	8
基　价　（元）			**17837.95**	**21174.33**	**25934.98**	**30997.49**	**34180.02**
其中	人　工　费（元）		1814.40	2013.20	2648.00	2885.60	3144.80
	材　料　费（元）		14143.86	17110.98	21065.43	25719.89	28471.82
	机　械　费（元）		1879.69	2050.15	2221.55	2392.00	2563.40
名　　称	单位	单价（元）	消　　　耗　　　量				
人工 综合工日	工日	40.00	45.36	50.33	66.20	72.14	78.62
材料 石油沥青	kg	3.30	1133.000	1365.000	1674.000	2009.000	2266.000
渣油	kg	1.76	3597.000	4333.000	5314.000	6377.000	7194.000
煤	kg	0.54	1012.000	1219.000	1495.000	1795.000	2024.000
细砂	m³	42.00	4.160	4.160	4.160	4.160	4.160
石屑	m³	50.00	16.320	8.160	18.360	32.460	16.320
碎石 20mm	m³	50.00	12.240	25.500	25.500	30.600	12.240
碎石 40mm	m³	50.00	35.700	45.900	–	–	30.600
碎石 60mm	m³	50.00	–	–	56.100	66.300	76.500
其他材料费	%	–	–	1.000	1.000	1.000	1.000
机械 光轮压路机（内燃）8t	台班	335.17	1.007	1.007	1.007	1.007	1.007
光轮压路机（内燃）20t	台班	937.58	1.625	1.805	1.986	2.166	2.347
其他机械费	%	–	–	1.000	1.000	1.000	1.000

十六、沥青、渣油碎石路面

工作内容：1. 清扫放样。2. 安装熬油拌和设备和用完拆除。3. 熬油和预热矿料。4. 人工拌和和手推车 150m 运输。5. 铺料、整型、碾压。
6. 初期养护。

单位：1000m²

定 额 编 号			5-4-116	5-4-117	5-4-118	5-4-119	5-4-120	5-4-121
项 目			热拌法（人工拌和）			冷拌法（人工拌和）		
			面层厚度（cm）					
			4	5	6	4	5	6
基 价 （元）			**24859.61**	**30764.90**	**36535.54**	**21954.60**	**27136.23**	**32208.46**
其中	人 工 费 （元）		4264.00	5196.80	5996.00	3840.40	4674.40	5394.40
	材 料 费 （元）		20066.62	25039.11	30010.55	17585.21	21932.84	26285.07
	机 械 费 （元）		528.99	528.99	528.99	528.99	528.99	528.99
名 称	单位	单价（元）	消	耗		量		
人工 综合工日	工日	40.00	106.60	129.92	149.90	96.01	116.86	134.86
材料 石油沥青	kg	3.30	4557.000	5696.000	6835.000	1444.000	1804.000	2165.000
渣油	kg	1.76	–	–	–	4583.000	5728.000	6874.000
煤	kg	0.54	1753.000	2192.000	2630.000	1290.000	1612.000	1934.000
细砂	m³	42.00	4.160	4.160	4.160	4.160	4.160	4.160
碎石 20mm	m³	50.00	10.300	12.880	15.450	10.300	12.880	15.450
碎石 40mm	m³	50.00	53.570	66.960	–	53.570	66.960	–
碎石 60mm	m³	50.00	–	–	80.360	–	–	80.360
石屑	m³	50.00	10.300	12.880	15.450	10.300	12.880	15.450
其他材料费	%	–	1.000	1.000	1.000	1.000	1.000	1.000
机械 光轮压路机（内燃）8t	台班	335.17	0.380	0.380	0.380	0.380	0.380	0.380
光轮压路机（内燃）15t	台班	549.01	0.722	0.722	0.722	0.722	0.722	0.722
其他机械费	%	–	1.000	1.000	1.000	1.000	1.000	1.000

十七、黑色碎石路面

工作内容:清扫路基、整修、测温、摊铺、接茬、找平、点补、夯边、撒垫料、碾压、清理。

单位:100m²

定　额　编　号			5-4-122	5-4-123	5-4-124	5-4-125	5-4-126
项　　　目			人工摊铺				
			厚度(cm)				
			4	5	6	7	每增减1
基　　价　　(元)			**2908.00**	**3607.82**	**4299.00**	**4984.41**	**705.01**
其中	人　工　费　(元)		124.00	140.40	151.20	160.40	25.20
	材　料　费　(元)		2673.27	3341.50	4010.27	4678.45	668.20
	机　械　费　(元)		110.73	125.92	137.53	145.56	11.61
名　　　称	单位	单价(元)	消　　耗　　量				
人工 综合工日	工日	40.00	3.10	3.51	3.78	4.01	0.63
材料 黑色碎石	m³	650.00	4.080	5.100	6.120	7.140	1.020
柴油	kg	7.63	0.004	0.005	0.006	0.007	0.001
煤	t	540.00	0.013	0.016	0.020	0.023	0.003
木柴	kg	0.46	2.000	2.600	3.200	3.700	0.530
其他材料费	%	－	0.500	0.500	0.500	0.500	0.500
机械 光轮压路机(内燃)8t	台班	335.17	0.124	0.141	0.154	0.163	0.013
光轮压路机(内燃)15t	台班	549.01	0.124	0.141	0.154	0.163	0.013
其他机械费	%	－	1.000	1.000	1.000	1.000	1.000

工作内容:清扫路基、整修、测温、摊铺、接茬、找平、点补、夯边、撒垫料、碾压、清理。

单位:100m²

定 额 编 号			5-4-127	5-4-128	5-4-129	5-4-130	5-4-131
项 目			机械摊铺				
			厚度(cm)				
			4	5	6	7	每增减1
基 价 (元)			**2897.93**	**3601.44**	**4285.91**	**4970.21**	**697.84**
其中	人 工 费 (元)		75.20	90.40	91.20	96.00	14.80
	材 料 费 (元)		2673.27	3341.50	4010.27	4678.45	668.20
	机 械 费 (元)		149.46	169.54	184.44	195.76	14.84
名 称	单位	单价(元)	消	耗	量		
人工 综合工日	工日	40.00	1.88	2.26	2.28	2.40	0.37
材料 黑色碎石	m³	650.00	4.080	5.100	6.120	7.140	1.020
柴油	kg	7.63	0.004	0.005	0.006	0.007	0.001
煤	t	540.00	0.013	0.016	0.020	0.023	0.003
木柴	kg	0.46	2.000	2.600	3.200	3.700	0.530
其他材料费	%	—	0.500	0.500	0.500	0.500	0.500
机械 光轮压路机(内燃)8t	台班	335.17	0.114	0.129	0.141	0.149	0.011
光轮压路机(内燃)15t	台班	549.01	0.114	0.129	0.141	0.149	0.011
沥青混凝土摊铺机8t	台班	827.72	0.057	0.065	0.070	0.075	0.006
其他机械费	%	—	1.000	1.000	1.000	1.000	1.000

十八、粗(中)粒式沥青混凝土路面

工作内容:清扫路基、整修、测温、摊铺、接茬、找平、点补、夯边、撒垫料、碾压、清理。

单位:100m²

定 额 编 号			5-4-132	5-4-133	5-4-134	5-4-135	5-4-136
项 目			人工摊铺				
			厚度(cm)				
			3	4	5	6	每增减1
基 价 (元)			**2654.16**	**3518.98**	**4371.42**	**5204.38**	**839.14**
其中	人 工 费 (元)		112.40	138.80	152.80	166.40	13.20
	材 料 费 (元)		2443.53	3257.84	4080.20	4887.06	814.33
	机 械 费 (元)		98.23	122.34	138.42	150.92	11.61
名 称	单位	单价(元)	消	耗		量	
人工 综合工日	工日	40.00	2.81	3.47	3.82	4.16	0.33
材料	沥青混凝土 中粒式	m³	800.40	3.030	4.040	5.060	6.060	1.010
	煤	t	540.00	0.010	0.013	0.016	0.020	0.003
	木柴	kg	0.46	1.600	2.100	2.600	3.200	0.530
	柴油	kg	7.63	0.003	0.004	0.005	0.006	0.001
	其他材料费	%	–	0.500	0.500	0.500	0.500	0.500
机械	光轮压路机(内燃) 8t	台班	335.17	0.110	0.137	0.155	0.169	0.013
	光轮压路机(内燃) 15t	台班	549.01	0.110	0.137	0.155	0.169	0.013
	其他机械费	%	–	1.000	1.000	1.000	1.000	1.000

工作内容:清扫路基、整修、测温、摊铺、接茬、找平、点补、夯边、撒垫料、碾压、清理。

单位:100m²

定 额 编 号			5-4-137	5-4-138	5-4-139	5-4-140	5-4-141
项 目			机械摊铺				
			厚度(cm)				
			3	4	5	6	每增减1
基 价 (元)			**2679.75**	**3557.57**	**4409.67**	**5256.26**	**843.88**
其中	人 工 费 (元)		56.40	83.60	92.00	101.20	8.80
	材 料 费 (元)		2443.53	3257.84	4072.15	4887.06	814.33
	机 械 费 (元)		179.82	216.13	245.52	268.00	20.75
名 称	单位	单价(元)	消	耗		量	
人工 综合工日	工日	40.00	1.41	2.09	2.30	2.53	0.22
材料 沥青混凝土 中粒式	m³	800.40	3.030	4.040	5.050	6.060	1.010
煤	t	540.00	0.010	0.013	0.016	0.020	0.003
木柴	kg	0.46	1.600	2.100	2.600	3.200	0.530
柴油	kg	7.63	0.003	0.004	0.005	0.006	0.001
其他材料费	%	—	0.500	0.500	0.500	0.500	0.500
机械 沥青混凝土摊铺机 8t	台班	827.72	0.104	0.125	0.142	0.155	0.012
光轮压路机(内燃) 8t	台班	335.17	0.104	0.125	0.142	0.155	0.012
光轮压路机(内燃) 15t	台班	549.01	0.104	0.125	0.142	0.155	0.012
其他机械费	%	—	1.000	1.000	1.000	1.000	1.000

十九、细粒式沥青混凝土路面

工作内容:清扫路基、整修、测温、摊铺、接茬、找平、点补、夯边、撒垫料、碾压、清理。

单位:100m²

定额编号			5-4-142	5-4-143	5-4-144	5-4-145	5-4-146	5-4-147
项目			人工摊铺			机械摊铺		
			厚度(cm)					
			2	3	每增减0.5	2	3	每增减0.5
基价(元)			**1999.47**	**2965.97**	**503.39**	**1993.16**	**2956.78**	**506.85**
其中	人工费(元)		101.20	133.60	16.40	62.80	82.40	10.00
	材料费(元)		1808.07	2711.81	456.63	1808.07	2711.81	456.63
	机械费(元)		90.20	120.56	30.36	122.29	162.57	40.22
名称	单位	单价(元)	消		耗		量	
人工 综合工日	工日	40.00	2.53	3.34	0.41	1.57	2.06	0.25
材料 沥青混凝土 细粒式	m³	888.50	2.020	3.030	0.510	2.020	3.030	0.510
煤	t	540.00	0.007	0.010	0.002	0.007	0.010	0.002
木柴	kg	0.46	1.100	1.600	0.300	1.100	1.600	0.300
柴油	kg	7.63	0.002	0.003	0.001	0.002	0.003	0.001
其他材料费	%	–	0.500	0.500	0.500	0.500	0.500	0.500
机械 光轮压路机(内燃) 8t	台班	335.17	0.101	0.135	0.034	0.092	0.124	0.031
光轮压路机(内燃) 15t	台班	549.01	0.101	0.135	0.034	0.092	0.124	0.031
沥青混凝土摊铺机 8t	台班	827.72	–	–	–	0.048	0.062	0.015
其他机械费	%	–	1.000	1.000	1.000	1.000	1.000	1.000

二十、喷洒沥青油料

工作内容:清扫路基、运油、加热、洒布机喷油、移动挡板(或遮盖物)保护侧缘石。

单位:100m²

定　额　编　号				5-4-148	5-4-149
项　　目				喷洒石油沥青	喷洒乳化沥青
				喷油量(kg/m²)	
				1.0	
基　　价　(元)				**374.69**	**399.83**
其中	人　工　费　(元)			3.20	3.20
	材　料　费　(元)			346.63	371.77
	机　械　费　(元)			24.86	24.86
名　　称		单位	单价(元)	消　耗　　量	
人工	综合工日	工日	40.00	0.08	0.08
材料	石油沥青60~100号	t	3300.00	0.104	–
	乳化沥青	kg	3.50	–	104.000
	木柴	kg	0.46	–	4.200
	煤	t	540.00	–	0.004
	其他材料费	%	–	1.000	1.000
机械	汽车式沥青喷洒机4000L	台班	535.14	0.046	0.046
	其他机械费	%	–	1.000	1.000

二十一、水泥混凝土路面

工作内容: 1.模板制作、安装、拆除、修理涂油。2.传力杆及补强钢筋制作安装。3.混凝土配料、拌和、运输、浇筑、捣固、真空吸水、压纹、养生。4.灌注沥青胀缩缝。

定 额 编 号				5-4-150	5-4-151	5-4-152	5-4-153	5-4-154	5-4-155	5-4-156
项 目				路面		路面				钢筋
				分散搅拌、手推车运输混凝土		集中搅拌、汽车运输混凝土				
						·1km 以内		每增运 1km		
				路面厚度(cm)		路面厚度(cm)				
				20	每增减1	20	每增减1	20	每增减1	
单 位				1000m²	1000m²	1000m²	1000m²	1000m²	1000m²	t
基 价 (元)				**53019.34**	**2482.19**	**60799.34**	**2868.92**	**1133.59**	**55.94**	**4262.75**
其中	人 工 费 (元)			12211.20	511.20	8884.80	345.60	–	–	284.40
	材 料 费 (元)			38505.87	1900.85	38505.87	1900.85	–	–	3978.35
	机 械 费 (元)			2302.27	70.14	13408.67	622.47	1133.59	55.94	–
名 称	单位	单价(元)		消	耗		量			
人工	综合工日	工日	40.00	305.28	12.78	222.12	8.64	–	–	7.11
材料	现浇混凝土 C30-20(碎石)	m³	178.67	204.000	10.200	204.000	10.200	–	–	–
	钢筋 φ10 以内	t	3820.00	0.004	–	0.004	–	–	–	1.025
	锯材	m³	1160.00	0.130	0.010	0.130	0.010	–	–	–
	石油沥青	t	3300.00	0.110	–	0.110	–	–	–	–

续前

定 额 编 号				5-4-150	5-4-151	5-4-152	5-4-153	5-4-154	5-4-155	5-4-156
项 目				路面		路面				
				分散搅拌、手推车运输混凝土		集中搅拌、汽车运输混凝土				钢筋
						1km 以内		每增运 1km		
				路面厚度（cm）		路面厚度（cm）				
				20	每增减 1	20	每增减 1	20	每增减 1	
材料	型钢	t	3700.00	0.047	–	0.047	–	–	–	–
	铁丝 8~22	kg	4.60	–	–	–	–	–	–	5.100
	煤	t	540.00	0.024	–	0.024	–	–	–	–
	水	m³	4.00	240.000	12.000	240.000	12.000	–	–	–
	其他材料费	%	–	1.000	1.000	1.000	1.000	1.000	1.000	1.000
机械	履带式拖拉机 75kW	台班	751.27	–	–	1.834	0.095	–	–	–
	真空泵 204m³/h	台班	120.52	3.306	–	3.306	–	–	–	–
	混凝土切缝机 电动	台班	148.37	3.287	–	3.287	–	–	–	–
	滚筒式混凝土搅拌机（电动）400L	台班	117.90	11.818	0.589	–	–	–	–	–
	混凝土搅拌站 25m³/h	台班	1136.13	–	–	2.318	0.114	–	–	–
	混凝土搅拌输送车 6m³	台班	1457.62	–	–	5.748	0.285	0.770	0.038	–
	其他机械费	%	–	1.000	1.000	1.000	1.000	1.000	1.000	–

注:本定额是按 C30 混凝土编制的,如用其他标号的混凝土时,可以进行换算。

二十二、伸缩缝

工作内容:放样、缝板制作、备料、熬制沥青、泡木板、拌和嵌缝、烫平路面。

单位:10m²

定　额　编　号			5-4-157	5-4-158	5-4-159	5-4-160
项　　目			伸缝		缩缝	
			沥青木板	沥青玛瑞脂	沥青木板	沥青玛瑞脂
基　　价　(元)			**692.73**	**1046.69**	**554.93**	**625.34**
其中	人　工　费　(元)		243.60	131.60	278.00	148.40
	材　料　费　(元)		449.13	915.09	276.93	476.94
	机　械　费　(元)		–	–	–	–
名　　称	单位	单价(元)	消　　　　耗　　　　量			
人工 综合工日	工日	40.00	6.09	3.29	6.95	3.71
材料 木板	m³	1550.00	0.220	–	0.110	–
木柴	kg	0.46	0.800	3.200	0.800	1.600
石棉绒	kg	3.60	–	126.000	–	63.000
石粉	m³	48.00	–	0.120	–	0.060
石油沥青 60～100 号	t	3300.00	0.030	0.130	0.030	0.070
煤	t	540.00	0.008	0.030	0.008	0.020
其他材料费	%	–	1.000	1.000	1.000	1.000

二十三、拆除旧路面

1.拆除沥青柏油类路面

工作内容:拆除、清底、旧料清理成堆。

单位:100m²

定 额 编 号			5-4-161	5-4-162	5-4-163	5-4-164
项 目			人工拆除		机械拆除	
			10cm之内	每增1cm	10cm之内	每增1cm
基 价 (元)			**298.40**	**30.00**	**330.13**	**32.43**
其中	人 工 费 (元)		298.40	30.00	173.20	16.80
	材 料 费 (元)		-	-	-	-
	机 械 费 (元)		-	-	156.93	15.63
名 称	单位	单价(元)	消 耗 量			
人工	综合工日	工日	40.00	7.46	0.75	4.33	0.42
机械	电动空气压缩机 3m³/min 以内	台班	199.64	-	-	0.552	0.055
	风镐	台班	42.29	-	-	1.105	0.110

2. 旧路面切缝

工作内容:划线、安放导轨、接水、接电源、运水接缝、机械小修。

单位:100m

定 额 编 号				5-4-165	5-4-166	5-4-167
项 目				混凝土路面切缝		
				缝深15cm以内	缝深15cm以外	柔性路面切缝
基 价 (元)				**503.07**	**746.76**	**423.05**
其中	人 工 费 (元)			252.80	379.20	214.80
	材 料 费 (元)			5.46	8.21	4.69
	机 械 费 (元)			244.81	359.35	203.56
名 称		单位	单价(元)	消	耗	量
人工	综合工日	工日	40.00	6.32	9.48	5.37
材料	水	m³	4.00	0.490	0.740	0.420
	合金刀片	片	7.00	0.500	0.750	0.430
机械	混凝土切缝机 电动	台班	148.37	1.650	2.422	1.372

3. 拆除侧缘石

工作内容:刨平、刮净、旧料清理成堆。

单位:100m

定 额 编 号			5-4-168	5-4-169	5-4-170	5-4-171	5-4-172
项 目			侧石		缘石		混凝土
			混凝土	石质	混凝土	石质	侧缘石
基 价 (元)			**120.80**	**160.00**	**80.40**	**105.60**	**131.20**
其 中	人 工 费 (元)		120.80	160.00	80.40	105.60	131.20
	材 料 费 (元)		-	-	-	-	-
	机 械 费 (元)		-	-	-	-	-
名 称	单位	单价(元)	消	耗		量	
人 工 综合工日	工日	40.00	3.02	4.00	2.01	2.64	3.28

·179·

二十四、人行道、路牙(缘石)

工作内容: 1.混凝土块预制、模板制作、安拆、修理、混凝土配料、拌和与运输、浇筑、养生。2.人行道铺筑刨槽、灰土底垫层的拌和、摊铺、夯实、安砌块件干砂填缝、整平基底、铺石、耙平、调浆、灌浆、嵌缝、整型、碾压。3.路牙刨槽、安砌。

定 额 编 号			5-4-173	5-4-174	5-4-175	5-4-176	5-4-177	5-4-178	5-4-179	5-4-180
项 目			人行道		人行道	人行道			路牙(缘石)	
			混凝土预制块		砖(平铺)	泥结碎石			混凝土预制块	
			预制	安装		压实厚度(cm)			预制	安装
						3	4	5		
单 位			1000m³	1000m³	1000m³	1000m³	1000m³	1000m³	10m³	10m³
基 价 (元)			**25304.07**	**13893.38**	**20677.50**	**4038.84**	**5120.18**	**6280.16**	**4279.84**	**1522.97**
其中	人 工 费 (元)		10904.40	8542.80	6850.80	1786.00	2146.40	2581.20	1740.00	1345.60
	材 料 费 (元)		13899.66	5350.58	13826.70	2165.84	2886.78	3611.96	2462.91	177.37
	机 械 费 (元)		500.01	–	–	87.00	87.00	87.00	76.93	–
名 称	单位	单价(元)	消			耗			量	
人工 综合工日	工日	40.00	272.61	213.57	171.27	44.65	53.66	64.53	43.50	33.64
材料 现浇混凝土 C25-20(碎石)	m³	166.22	70.700	–	–	–	–	–	10.100	–
锯材	m³	1160.00	0.795	–	–	–	–	–	0.506	–
铁钉	kg	6.97	97.000	–	–	–	–	–	15.510	–
水	m³	4.00	103.000	31.000	23.000	10.000	13.000	17.000	16.160	10.200
生石灰	t	150.00	–	18.548	14.304	–	–	–	–	0.160

续前

定 额 编 号			5-4-173	5-4-174	5-4-175	5-4-176	5-4-177	5-4-178	5-4-179	5-4-180
项 目			人行道		人行道	人行道			路牙(缘石)	
			混凝土预制块		砖(平铺)	泥结碎石			混凝土预制块	
			预制	安装		压实厚度(cm)			预制	安装
						3	4	5		
材 料	外购土	m³	10.00	–	144.430	144.430	–	–	–	–	–
	细砂	m³	42.00	–	22.550	–	–	–	–	–	–
	标准砖	1000块	290.00	–	–	34.510	–	–	–	–	–
	黏土	m³	20.00	–	–	–	8.820	11.760	14.710	–	–
	石屑	m³	50.00	–	–	–	3.470	4.630	5.790	–	–
	碎石 40mm	m³	50.00	–	–	–	35.090	46.790	58.490	–	–
	水泥石灰砂浆 M2.5	m³	119.16	–	–	–	–	–	–	–	0.910
	水泥砂浆 M7.5	m³	119.06	–	–	–	–	–	–	–	0.020
	预制构件	m³	–	–	(70.700)	–	–	–	–	–	(10.100)
	其他材料费	%	–	–	1.000	1.000	1.000	1.000	1.000	1.000	1.000
机 械	滚筒式混凝土搅拌机(电动) 400L	台班	117.90	4.199	–	–	–	–	–	0.646	–
	光轮压路机(内燃) 8t	台班	335.17	–	–	–	0.257	0.257	0.257	–	–
	其他机械费	%	–	1.000	–	–	1.000	1.000	1.000	1.000	–

二十五、护栏与标志

工作内容： 钢筋混凝土构件的预制与安装、模板、钢筋、混凝土的全部操作过程、挖洞、埋设、回填、夯实、标志牌浇柱脚混凝土。墙式护栏挖基、洗石、挂线、拌浆、铺浆、砌筑、勾缝。木标志牌的制作、拼钉、油漆及描绘标志图案、柱脚防腐、挖洞埋设。

定　额　编　号			5-4-181	5-4-182	5-4-183
项　　　　目			钢筋混凝土柱式护栏	墙式护栏	混凝土里程碑
			预制与安装	浆砌块石	制作与安装
单　　　　位			10根	10m³	100块
基　　价　（元）			**686.84**	**1552.89**	**5630.73**
其 中	人　工　费　（元）		307.60	671.60	2868.80
	材　料　费　（元）		379.24	881.29	2761.93
	机　械　费　（元）		－	－	－
名　　　称	单位	单价(元)	消　　　耗　　　量		
人工 综合工日	工日	40.00	7.69	16.79	71.72
材 料 水泥 32.5	kg	0.27	185.000	703.000	1553.000
锯材	m³	1160.00	0.052	－	0.424
钢筋 φ10 以内	kg	3.90	34.000	－	272.000

续前

定　额　编　号				5-4-181	5-4-182	5-4-183
项　　目				钢筋混凝土柱式护栏	墙式护栏	混凝土里程碑
				预制与安装	浆砌块石	制作与安装
材 料	中(粗)砂	m³	47.00	0.320	3.250	3.160
	碎石 20mm	m³	50.00	0.430	–	–
	碎石 40mm	m³	50.00	–	–	4.800
	碎石 60mm	m³	50.00	–	–	4.350
	碎石 80mm	m³	50.00	1.300	–	–
	块石	m³	44.00	–	10.500	–
	铁钉	kg	6.97	1.600	–	13.000
	铁丝 8~22	kg	4.60	0.200	–	–
	水	m³	4.00	1.000	17.000	9.000
	小型机具使用费	元	1.00	15.000	–	30.000
	其他材料费	%	–	1.000	1.000	1.000

工作内容:钢筋混凝土构件的预制与安装、模板、钢筋、混凝土的全部操作过程、挖洞、埋设、回填、夯实、标志牌浇柱脚混凝土。墙式护栏挖基、洗石、挂线、拌浆、铺浆、砌筑、勾缝、木标志牌的制作、拼钉、油漆及描绘标志图案、柱脚防腐、挖洞埋设。 单位:10块

定 额 编 号			5-4-184	5-4-185
项 目			圆形及三角形标志制	
			木制	钢筋混凝土制
			制作与安装	预制与安装
基 价 （元）			**1499.21**	**1662.15**
其中	人 工 费 （元）		644.80	765.20
	材 料 费 （元）		854.41	896.95
	机 械 费 （元）		－	－
名 称		单位	单价（元）	消 耗 量
人工	综合工日	工日	40.00	16.12	19.13
材料	水泥 42.5	kg	0.30	－	176.000
	水泥 32.5	kg	0.27	－	287.000
	锯材	m³	1160.00	0.616	0.082
	钢筋 φ10 以内	kg	3.90		122.000
	中（粗）砂	m³	47.00		0.960
	碎石 20mm	m³	50.00		0.420
	碎石 80mm	m³	50.00	1.710	1.090
	铁件	kg	5.50	1.600	5.100
	铁钉	kg	6.97	0.300	2.500
	铁丝 8～22	kg	4.60	－	0.600
	水	m³	4.00	－	2.000
	其他材料费	%	－	1.000	1.000
	小型机具使用费	元	1.00	35.000	10.000

第五章　桥　涵　工　程

说　　明

一、本章定额包括：砌筑工程、钢筋工程、现浇混凝土工程、预制混凝土工程、安装工程、脚手架工程。

二、砌筑工程中砂浆均按搅拌机拌和，如采用人工拌和时，定额不予调整，如设计规定标号与定额不同时，可以换算。

三、钢筋工程

1. 定额中钢筋按 $\phi10$ 以内及 $\phi10$ 以外两种分列，因设计要求采用特殊钢材时，可以按设计要求换算。

2. 因束道长度不等，故定额中未列锚具数量，但已包括锚具安装的人工费。

3. 先张法预应力筋制作、安装定额、未包括张拉台座，其费用另计。

4. 压浆管道定额中的铁皮管、波纹管均已包括套管及三通管安装费用，但未包括三通管主材费用。

5. 定额中钢绞线按 $\phi15.24mm$、束长在40m以内考虑，如规格不同或束长超过40m，应另行计算。

四、现浇混凝土工程

1. 定额中嵌石混凝土的块石含量如与设计不同时，可以换算，但人工及机械不得调整。

2. 定额中均未包括预埋铁件，如设计要求预埋铁件时，按设计用量套用钢筋工程铁件安装相应项目。

3. 定额中混凝土按常用强度等级列出，如设计要求不同时可以换算。

4. 定额中模板以木模、工具式钢模为主（除防撞护栏采用定型钢模外）。

五、预制混凝土工程中均未包括预埋铁件，如设计要求预埋铁件时，按设计用量套用钢筋工程铁件安装相应项目。

六、安装工程

1. 小型构件安装已包括了 150m 场内运输,其他构件均未包括场内运输。

2. 安装预制构件均未包括脚手架,发生时可套用相应定额项目。

七、脚手架工程

本章脚手架定额中已包括斜道及拐弯平台的搭设,砌筑高度超过 1.2m 时可计算脚手架搭拆费用。

工程量计算规则

一、砌筑工程

砌筑工程量按设计要求图示尺寸以 m³ 计算,嵌体砌体中的钢管、沉降缝以及单孔面积 0.3m² 以内的预留孔所占体积不予扣除。

二、钢筋工程

1. 钢筋按设计数量套用相应定额计算,设计图纸未注明的钢筋接头和施工损耗,已综合在定额项目内。

2. T 型梁连接钢板项目按设计图纸,以 t 为单位计算。

3. 管道压浆不扣除钢筋体积。

4. 锚具工程量按设计用量乘以以下系数计算:

　　锥形锚:1.05;OVM 锚:1.05;镦头锚:1.00。

三、现浇混凝土工程

1. 模板工程量按模板与混凝土的接触面积计算。

2. 现浇混凝土工程量除另有规定外,均按图示尺寸实体体积以 m³ 计算(不包括空心板、梁的空心体积),不扣除内钢筋、预埋铁件、压降管道和螺栓所占的体积。

3. 现浇混凝土墙、板上单孔面积的 0.3m² 以内的孔洞体积不予扣除,洞侧壁模板面积不再计算。单孔面积在 0.3m² 以上时,应予扣除,洞侧壁模板面积并入墙、板模板工程量计算。

四、预制混凝土工程

1. 混凝土工程量计算

(1)预制混凝土桩的体积,按设计桩长(包括桩尖,不扣除桩尖虚体积)乘以桩截面面积计算。

(2)预制空心构件按设计图尺寸扣除空心体积,均按图示尺寸实体体积以 m³ 计算。空心板梁的堵头板体积不另计算,其工、料已在定额中考虑。

(3)预制空心板梁,凡采用橡胶囊做内模的,考虑其压缩变形因素,可增加混凝土数量,当梁长在 16m 以内时,可按设计计算体积增加 7%,若梁长大于 16m 时,则增加 9% 计算。如设计图已注明考虑橡胶囊变形时,不得再增加计算。

(4)预应力混凝土构件的封锚混凝土数量并入构件混凝土工程量计算。

2. 模板工程量计算

(1)预制构件中预应力混凝土构件及 T 型梁、I 型梁、双曲拱、桁架拱等构件均按模板混凝土的面积(包括侧模、底模)计算。

(2)灯柱、端柱、栏杆等小型构件按平面投影计算面积。

(3)预制构件中非预应力构件按模板与混凝土的接触面积计算,不包括胎、地模。

(4)空心板梁中空心部分,本定额均采用橡胶囊抽拔,其摊销量已包括在定额中,不再计算空心部分模板工程量。

3. 预制构件中的钢筋混凝土桩、梁及小型构件,可按混凝土定额基价的 2% 计算其运输、堆放、安装损耗,但该部分不计材料用量。

五、安装工程

安装预制构件以 m^3 为计量单位,均按构件混凝土实体积(不包括空心部分)计算。

六、脚手架工程

脚手架工程量按墙面水平边线长度乘以墙面砌筑高度以 m^2 计算,柱形砌体按图示柱结构外围周长另加 3.6m 乘以砌筑高度以 m^2 计算。

一、砌筑工程

1.草土、麻、草袋围堰

工作内容:草土围堰挖土、运土、填筑夯实。拆除清理麻(草)袋围堰。挖运土、装袋、运输、堆筑、中间填土夯实、拆除清理。

单位:10m

定 额 编 号				5-5-1	5-5-2	5-5-3	5-5-4
项 目				草土围堰高(m)			
				0.7	1.0	1.2	1.5
基 价 (元)				**382.40**	**644.40**	**917.20**	**1441.20**
其中	人 工 费 (元)			302.40	554.40	817.20	1321.20
	材 料 费 (元)			80.00	90.00	100.00	120.00
	机 械 费 (元)			–	–	–	–
	名 称	单位	单价(元)	消 耗 量			
人工	综合工日	工日	40.00	7.56	13.86	20.43	33.03
材料	其他材料费	元	1.00	80.000	90.000	100.000	120.000

工作内容:草土围堰挖土、运土、填筑夯实。拆除清理麻(草)袋围堰。挖运土、装袋、运输、堆筑、中间填土夯实、拆除清理。

单位:10m

定 额 编 号				5-5-5	5-5-6	5-5-7	5-5-8	5-5-9
项 目				麻袋围堰高(m)				
				0.7	1.0	1.2	1.5	1.8
基 价 (元)				**651.80**	**1132.20**	**1404.80**	**2250.30**	**2973.30**
其中	人 工 费 (元)			244.80	439.20	568.80	946.80	1306.80
	材 料 费 (元)			407.00	693.00	836.00	1303.50	1666.50
	机 械 费 (元)			-	-	-	-	-
名 称		单位	单价(元)	消 耗 量				
人工	综合工日	工日	40.00	6.12	10.98	14.22	23.67	32.67
材料	麻袋	个	5.50	74.000	126.000	152.000	237.000	303.000

工作内容:草土围堰挖土、运土、填筑夯实。拆除清理麻(草)袋围堰。挖运土、装袋、运输、堆筑、中间填土夯实、拆除清理。

单位:10m

定 额 编 号				5-5-10	5-5-11	5-5-12	5-5-13	5-5-14
项 目				草袋围堰高(m)				
				0.7	1.0	1.2	1.5	1.8
基 价 (元)				**593.10**	**1036.90**	**1284.75**	**2064.80**	**2725.80**
其 中	人 工 费 (元)			244.80	439.20	568.80	946.80	1306.80
	材 料 费 (元)			348.30	597.70	715.95	1118.00	1419.00
	机 械 费 (元)			–	–	–	–	–
名 称		单位	单价(元)	消	耗		量	
人工	综合工日	工日	40.00	6.12	10.98	14.22	23.67	32.67
材料	草袋	个	2.15	162.000	278.000	333.000	520.000	660.000

注:围堰高度不同时,可用内插法计算。

·195·

2. 干砌片石、石块

工作内容：1.选、修石料。2.砌筑。

单位：10m³

定 额 编 号			5-5-15	5-5-16	5-5-17	5-5-18	5-5-19	5-5-20
项 目			基础、沟、槽、池底	护坡、护底	截水墙	锥坡、沟、槽、池侧壁	护拱	基础
基 价 （元）			**844.40**	**882.40**	**884.80**	**946.40**	**783.20**	**787.28**
其中	人 工 费 （元）		293.60	331.60	334.00	395.60	232.40	293.60
	材 料 费 （元）		550.80	550.80	550.80	550.80	550.80	493.68
	机 械 费 （元）		－	－	－	－	－	－
名 称	单位	单价(元)	消 耗 量					
人工 综合工日	工日	40.00	7.34	8.29	8.35	9.89	5.81	7.34
材料 片石	m³	45.00	12.240	12.240	12.240	12.240	12.240	－
料 块石	m³	44.00	－	－	－	－	－	11.220

3. 浆砌片石

工作内容:1.选、修石料。2.搭拆脚手架。3.筛砂子,机械搅拌,调制,单、双轮手推车运输,卷扬机垂直运输砂浆。4.砌筑。5.勾缝。6.养生。

单位:10m³

定 额 编 号			5-5-21	5-5-22	5-5-23	5-5-24	5-5-25
项 目 单 位			基础		沟、槽、池 底	护坡、护底	截水槽
			带形	独立			
基 价 (元)			**1356.08**	**1533.68**	**1508.86**	**1704.73**	**1613.52**
其中	人 工 费 (元)		293.60	471.20	467.60	579.60	530.40
	材 料 费 (元)		1028.89	1028.89	1007.02	1087.43	1048.16
	机 械 费 (元)		33.59	33.59	34.24	37.70	34.96
名 称	单位	单价(元)	消	耗		量	
人	综合工日	工日	40.00	7.34	11.78	11.69	14.49	13.26
材料	水泥砂浆 M5	m³	110.96	–	–	3.930	–	–
	水泥砂浆 M7.5	m³	119.06	3.930	3.930	–	4.310	3.930
	水泥砂浆 M10	m³	127.16	–	–	0.080	0.100	0.150
	片石	m³	45.00	12.240	12.240	12.240	12.240	12.240
	其他材料费	%	–	1.000	1.000	1.000	1.000	1.000
机械	灰浆搅拌机 200L	台班	69.99	0.466	0.466	0.475	0.523	0.485
	其他机械费	%	–	3.000	3.000	3.000	3.000	3.000

工作内容:1.选、修石料。2.搭拆脚手架。3.筛砂子,机械搅拌,调制,单、双轮手推车运输,卷扬机垂直运输砂浆。4.砌筑。5.勾缝。6.养生。

单位:10m³

定　额　编　号			5-5-26	5-5-27	5-5-28	5-5-29	5-5-30
项　　　目			护拱	实体式		涵洞边墙高度(m以内)	
				桥墩	桥台	3	6
基　　价　(元)			**1354.73**	**1946.36**	**1796.42**	**1532.60**	**1581.90**
其中	人　工　费　(元)		324.40	711.20	641.20	495.20	493.20
	材　料　费　(元)		996.74	1134.44	1080.91	1003.16	1054.46
	机　械　费　(元)		33.59	100.72	74.31	34.24	34.24
名　　　称	单位	单价(元)	消	耗	量		
人工 综合工日	工日	40.00	8.11	17.78	16.03	12.38	12.33
材料 水泥砂浆 M5	m³	110.96	3.930	–	3.930	3.930	3.930
水泥砂浆 M7.5	m³	119.06	–	3.390	–	–	–
水泥砂浆 M10	m³	127.16	–	0.060	0.030	0.050	0.030
原木	m³	1100.00	0.076	0.037	–	0.025	
锯材	m³	1160.00	0.026	0.013	–	0.009	
铁钉	kg	6.97	–	0.070	0.040	–	0.030
铁丝 8~22	kg	4.60	–	10.200	5.100	–	3.300
片石	m³	45.00	12.240	12.240	12.240	12.240	12.240
其他材料费	%	–	1.000	1.000	1.000	1.000	1.000
机械 灰浆搅拌机 200L	台班	69.99	0.466	0.475	0.475	0.475	0.475
卷扬机(单筒慢速) 3t	台班	107.75		0.599	0.361	–	–
其他机械费	%	–	3.000	3.000	3.000	3.000	3.000

工作内容:1. 选、修石料。2. 搭拆脚手架。3. 筛砂子,机械搅拌,调制,单、双轮手推车运输,卷扬机垂直运输砂浆。4. 砌筑。5. 勾缝。6. 养生。

单位:10m³

定 额 编 号			5-5-31	5-5-32	5-5-33	5-5-34
项 目			涵洞出入口翼墙	拱圈跨径(m 以内)		锥坡、沟、槽、池侧壁
				2	4	
基 价 (元)			**1715.66**	**2602.87**	**2426.78**	**1712.15**
其中	人 工 费 (元)		642.80	987.60	928.00	649.60
	材 料 费 (元)		1038.62	1576.94	1461.08	1028.31
	机 械 费 (元)		34.24	38.33	37.70	34.24
名 称	单位	单价(元)	消 耗 量			
人工 综合工日	工日	40.00	16.07	24.69	23.20	16.24
材料 水泥砂浆 M5	m³	110.96	3.930	–	–	4.120
水泥砂浆 M7.5	m³	119.06	–	3.930	3.930	–
水泥砂浆 M10	m³	127.16	0.055	0.060	0.060	0.080
原木	m³	1100.00	0.020	0.453	0.350	–
铁钉	kg	6.97	0.007	0.230	0.221	–
铁钉	kg	6.97	0.020	0.460	0.320	–
铁丝 8～22	kg	4.60	2.670	6.930	6.850	–
片石	m³	45.00	12.240	12.240	12.240	12.240
其他材料费	%	–	1.000	1.000	1.000	1.000
机械 灰浆搅拌机 200L	台班	69.99	0.475	0.475	0.475	0.475
木工圆锯机 φ500	台班	31.97	–	0.124	0.105	–
其他机械费	%	–	3.000	3.000	3.000	3.000

4. 浆砌块石

工作内容:1. 选、修石料。2. 搭拆脚手架。3. 筛砂子,机械搅拌,调制,单、双轮手推车运输,卷扬机垂直运输砂浆。4. 砌筑。5. 勾缝。6. 养生。

单位:10m³

定 额 编 号			5-5-35	5-5-36	5-5-37	5-5-38	5-5-39
项 目			基础		沟、槽、池底	护坡、护底	截水墙
			带形	独立			独立
基 价 (元)			**1401.99**	**1475.99**	**1451.16**	**1647.04**	**1555.83**
其中	人 工 费 (元)		397.20	471.20	467.60	579.60	530.40
	材 料 费 (元)		971.20	971.20	949.32	1029.74	990.47
	机 械 费 (元)		33.59	33.59	34.24	37.70	34.96
名 称	单位	单价(元)	消	耗		量	
人工	综合工日	工日	40.00	9.93	11.78	11.69	14.49	13.26
材料	水泥砂浆 M5	m³	110.96	–	–	3.930	–	–
	水泥砂浆 M7.5	m³	119.06	3.930	3.930	–	4.310	3.930
	水泥砂浆 M10	m³	127.16	–	–	0.080	0.100	0.150
	块石	m³	44.00	11.220	11.220	11.220	11.220	11.220
	其他材料费	%	–	–	1.000	1.000	1.000	1.000
机械	灰浆搅拌机 200L	台班	69.99	0.466	0.466	0.475	0.523	0.485
	其他机械费	%	–	–	3.000	3.000	3.000	3.000

工作内容:1.选、修石料。2.搭拆脚手架。3.筛砂子,机械搅拌,调制,单、双轮手推车运输,卷扬机垂直运输砂浆。4.砌筑。5.勾缝。6.养生。

单位:10m³

定 额 编 号			5-5-40	5-5-41	5-5-42	5-5-43	5-5-44
项 目			护拱	实体式		涵洞边墙高度(m 以内)	
				桥墩	桥台	3	6
基 价 (元)			**1306.24**	**1948.28**	**1745.05**	**1474.91**	**1524.21**
其中	人 工 费 (元)		333.60	711.20	641.20	495.20	493.20
	材 料 费 (元)		939.05	1141.69	1023.22	945.47	996.77
	机 械 费 (元)		33.59	95.39	80.63	34.24	34.24
名 称	单位	单价(元)	消	耗		量	
人工 综合工日	工日	40.00	8.34	17.78	16.03	12.38	12.33
材 料 水泥砂浆 M5	m³	110.96	3.930	–	3.930	3.930	3.930
水泥砂浆 M7.5	m³	119.06	–	3.930	–	–	–
水泥砂浆 M10	m³	127.16	0.060	0.030	0.030	0.050	0.030
原木	m³	1100.00	–	0.076	0.037	–	0.025
锯材	m³	1160.00	–	0.026	0.013	–	0.009
铁钉	kg	6.97	–	0.070	0.040	–	0.030
铁丝 8~22	kg	4.60	–	10.200	5.100	–	3.300
块石	m³	44.00	11.220	11.220	11.220	11.220	11.220
其他材料费	%	–	1.000	1.000	1.000	1.000	1.000
机 械 灰浆搅拌机 200L	台班	69.99	0.466	0.475	0.475	0.475	0.475
卷扬机(单筒慢速) 3t	台班	107.75	–	0.551	0.418	–	–
其他机械费	%	–	3.000	3.000	3.000	3.000	3.000

工作内容:1.选、修石料。2.搭拆脚手架。3.筛砂子,机械搅拌,调制,单、双轮手推车运输,卷扬机垂直运输砂浆。4.砌筑。5.勾缝。6.养生。

单位:10m³

定 额 编 号			5-5-45	5-5-46	5-5-47	5-5-48
项 目			涵洞出入口翼墙	拱圈跨径(m以内)		锥坡、沟、槽、池侧壁
				2	4	
基 价 (元)			1666.12	2963.82	2768.46	1657.83
其中	人 工 费 (元)		642.80	1138.40	1070.00	649.60
	材 料 费 (元)		989.08	1787.09	1660.76	971.90
	机 械 费 (元)		34.24	38.33	37.70	36.33
名 称	单位	单价(元)	消 耗 量			
人工 综合工日	工日	40.00	16.07	28.46	26.75	16.24
材料 水泥砂浆 M5	m³	110.96	3.930	–	–	4.120
水泥砂浆 M7.5	m³	119.06	–	3.930	3.930	–
水泥砂浆 M10	m³	127.16	0.055	0.060	0.060	0.090
原木	m³	1100.00	0.020	0.453	0.350	–
锯材	m³	1160.00	0.007	0.230	0.221	–
铁钉	kg	6.97	0.020	0.460	0.320	–
铁丝 8～22	kg	4.60	2.670	6.930	6.850	–
块石	m³	44.00	11.220	11.220	11.220	11.220
其他材料费	%	–	–	1.000	1.000	1.000	1.000
机械 灰浆搅拌机 200L	台班	69.99	0.475	0.475	0.475	0.504
木工圆锯机 φ500	台班	31.97	–	0.124	0.105	–
其他机械费	%	–	3.000	3.000	3.000	3.000

5. 浆砌料石

工作内容:1.选、修石料。2.搭拆脚手架。3.筛砂子,机械搅拌,调制,单、双轮手推车运输砂浆。4.砌筑。5.勾缝。　　　　单位:10m³

定　额　编　号			5-5-49	5-5-50	5-5-51
项　目			拱圈跨径(m以内)		帽石、缘石
			2	4	
基　　价　　(元)			**2509.90**	**2302.45**	**1688.73**
其中	人　工　费　(元)		1006.40	943.60	980.00
	材　料　费　(元)		1483.63	1339.60	691.57
	机　械　费　(元)		19.87	19.25	17.16
名　　称		单位	单价(元)	消　　耗	量
人工	综合工日	工日	40.00	25.16	23.59	24.50
材料	水泥砂浆 M7.5	m³	119.06	1.750	1.750	1.750
	水泥砂浆 M10	m³	127.16	0.060	0.060	0.230
	原木	m³	1100.00	0.457	0.354	-
	锯材	m³	1160.00	0.231	0.207	-
	铁钉	kg	6.97	0.460	0.310	-
	铁丝 8~22	kg	4.60	6.950	6.860	-
	粗料石	m³	46.00	9.720	9.720	9.720
	其他材料费	%	-	1.000	1.000	1.000
机械	灰浆搅拌机 200L	台班	69.99	0.219	0.219	0.238
	木工圆锯机 φ500	台班	31.97	0.124	0.105	-
	其他机械费	%	-	3.000	3.000	3.000

二、钢筋工程

1. 钢筋制作、安装

工作内容:钢筋解捆除锈、调直下料、弯曲、焊接、除渣、捆绑成型、运输入模。

单位:t

定　额　编　号			5-5-52	5-5-53	5-5-54	5-5-55	5-5-56
项　　　目			预制混凝土		现浇混凝土		钻孔桩钢筋笼
			φ10mm 以内	φ10mm 以外	φ10mm 以内	φ10mm 以外	
基　　　价　　（元）			**4712.52**	**4523.61**	**4636.93**	**4539.26**	**5402.82**
其中	人　工　费　（元）		783.20	298.80	633.20	308.40	675.60
	材　料　费　（元）		3896.40	4109.54	3948.67	4112.48	4103.77
	机　械　费　（元）		32.92	115.27	55.06	118.38	623.45
名　　　称	单位	单价（元）	消	耗		量	
人工 综合工日	工日	40.00	19.58	7.47	15.83	7.71	16.89
材料 钢筋 φ10 以内	t	3820.00	1.020	–	1.020	–	0.204
钢筋 φ10 以外	t	3900.00	–	1.040	–	1.040	0.832
铁丝 18～22 号	kg	5.90		2.900	8.860	2.950	1.500
电焊条	kg	4.40		8.280		8.880	16.100
机械 卷扬机（单筒慢速）5t	台班	112.42	0.029	0.162	0.304	0.181	0.399
钢筋切断机 φ40	台班	47.66	0.162	0.086	0.124	0.095	–
钢筋弯曲机 φ40	台班	24.26	0.865	0.181	0.551	0.200	–
交流电焊机 30kV·A	台班	140.46	–	0.485	–	0.485	3.990
对焊机 75kV·A	台班	179.85	–	0.095	–	0.095	–
其他机械费	%	–	3.000	3.000	3.000	3.000	3.000

2. 铁件、拉杆制作安装

工作内容:1.铁件:制作除锈、钢板划线切割、钢筋调直下料、弯曲、安装、焊接、固定。2.拉杆:下料、挑扣、焊接、涂防锈漆、涂沥青、缠麻布、安装。

单位:t

定 额 编 号			5-5-57	5-5-58	5-5-59	5-5-60	5-5-61
项 目			铁件		拉杆直径在(mm)		
			预埋铁件	T型梁连接板	φ20以内	φ40以内	φ40以外
基 价 （元）			**6695.44**	**20118.24**	**13333.06**	**8302.65**	**6943.45**
其中	人 工 费 （元）		1456.00	4149.20	3505.20	931.60	367.60
	材 料 费 （元）		4682.71	6572.78	9287.36	7055.68	6346.74
	机 械 费 （元）		556.73	9396.26	540.50	315.37	229.11
名 称	单位	单价(元)	消	耗	量		
人工 综合工日	工日	40.00	36.40	103.73	87.63	23.29	9.19
材料 中厚钢板15mm以下	kg	4.50	673.000	－	－	－	－
钢板(中厚)	t	3750.00	－	1.200	－	－	－
型钢	kg	3.70	139.000	－	27.000	16.000	15.000
圆钢	t	4500.00	－	－	1.060	1.060	1.060

续前

定 额 编 号				5-5-57	5-5-58	5-5-59	5-5-60	5-5-61
项 目				铁件		拉杆直径在(mm)		
				预埋铁件	T型梁连接板	φ20以内	φ40以内	φ40以外
材 料	钢筋 φ10以内	t	3820.00	0.243	–	–	–	–
	电焊条	kg	4.40	29.160	416.600	11.850	12.650	13.670
	氧气	m³	3.60	10.600	30.470	1.472	0.546	0.354
	乙炔气	kg	12.80	3.530	10.160	0.490	0.180	0.120
	石油沥青	kg	3.30	–	–	1248.000	621.000	418.000
	煤	kg	0.54	–	–	125.000	62.000	42.000
	木柴	kg	0.46	–	–	12.480	6.620	4.180
	防锈漆	kg	3.60	–	–	13.420	6.680	4.490
	破布	kg	5.54	–	–	20.540	10.230	6.880
机 械	交流电焊机 30kV·A	台班	140.46	3.905	66.234	3.810	2.223	1.615
	钢筋切断机 φ40	台班	47.66	0.057	–	–	–	–
	其他机械费	%	–	1.000	1.000	1.000	1.000	1.000

3. 预应力钢筋制作安装

工作内容:1. 先张法:调直下料、进入台座、安夹具、张拉切断、整修等。2. 后张法:调制、切断、编束、穿束、安装锚具、张拉、锚固、拆除、切割钢丝(束)、封锚等。

单位:t

定 额 编 号			5-5-62	5-5-63	5-5-64	5-5-65	5-5-66	5-5-67
项 目			先张法		后张法			
			低合金钢筋	钢绞线	螺栓锚	锥形锚	JM12 型锚	镦头锚
基 价 (元)			**4755.89**	**6326.88**	**5056.70**	**6664.28**	**5045.24**	**7153.34**
其中	人 工 费 (元)		278.40	360.80	678.40	795.20	711.60	1062.00
	材 料 费 (元)		4245.33	5780.85	4036.73	5599.40	4033.63	5596.81
	机 械 费 (元)		232.16	185.23	341.57	269.68	300.01	494.53
名 称	单位	单价(元)	消	耗		量		
人工	综合工日	工日	40.00	6.96	9.02	16.96	19.88	17.79	26.55
材料	预应力钢筋	t	3800.00	1.110	–	1.060	–	1.060	–
	钢筋 φ10 以内	t	3820.00	–	–	–	0.021	–	0.020
	钢绞线	kg	5.00	–	1140.000	–	–	–	–
	高强钢丝 φ5(不镀锌)	t	5300.00	–	–	–	1.040	–	1.040
	钢板(中厚)	t	3750.00	0.004	0.013	–	–	–	–

定 额 编 号				5-5-62	5-5-63	5-5-64	5-5-65	5-5-66	5-5-67
项 目				先张法		后张法			
				低合金钢筋	钢绞线	螺栓锚	锥形锚	JM12 型锚	镦头锚
材 料	铁件	kg	5.50	1.340	4.370	–	–	–	–
	铁丝 18~22 号	kg	5.90	–	–	–	0.770	0.680	0.740
	氧气	m³	3.60	0.630	1.030	1.110	0.340	0.200	0.520
	乙炔气	kg	12.80	0.210	0.340	0.370	0.110	0.070	0.170
机 械	钢筋切断机 φ40	台班	47.66	0.496	–	0.494	–	0.770	–
	预应力钢筋拉伸机 90t	台班	55.72	–	–	1.321	1.121	1.093	2.043
	预应力钢筋拉伸机 300t	台班	125.49	0.304	0.475	–	–	–	–
	对焊机 75kV·A	台班	179.85	0.494	–	–	–	–	–
	高压油泵 50MPa 以内	台班	182.47	–	–	1.321	1.121	1.093	2.043
	高压油泵 80MPa 以内	台班	260.60	0.304	0.475	–	–	–	–
	钢筋镦头机 φ5	台班	52.79	–	–	–	–	–	0.057
	其他机械费	%	–	1.000	1.000	1.000	1.000	1.000	1.000

工作内容:1. 先张法:调直下料、进入台座、安夹具、张拉切断、整修等。2. 后张法:调制、切断、编束、穿束、安装锚具、张拉、锚固、拆除、切割钢丝(束)、封锚等。

单位:t

定　额　编　号			5-5-68	5-5-69	5-5-70	5-5-71	5-5-72	5-5-73	5-5-74
项　　目			后张法(OVM锚)						临时钢丝束拆除
			束长20m以内			束长40m以内			
			3孔以内	7孔以内	12孔以内	7孔以内	12孔以内	19孔以内	
基　　价　(元)			**7773.86**	**6480.09**	**6067.68**	**5933.25**	**5743.39**	**5699.06**	**930.22**
其中	人　工　费　(元)		1357.20	724.80	538.00	474.40	391.20	375.60	922.40
	材　料　费　(元)		5209.38	5206.84	5206.02	5204.21	5203.39	5203.03	7.82
	机　械　费　(元)		1207.28	548.45	323.66	254.64	148.80	120.43	—
名　　称	单位	单价(元)	消　　　　　耗　　　　　量						
人工	综合工日	工日	40.00	33.93	18.12	13.45	11.86	9.78	9.39	23.06
材料	钢绞线	kg	5.00	1040.000	1040.000	1040.000	1040.000	1040.000	1040.000	—
	铁丝18~22号	kg	5.90	0.750	0.320	0.180	0.320	0.180	0.120	—
	氧气	m³	3.60	0.630	0.630	0.630	0.290	0.290	0.290	1.000
	乙炔气	kg	12.80	0.210	0.210	0.210	0.100	0.100	0.100	0.330
机械	高压油泵80MPa以内	台班	260.60	3.724	1.596	0.931	0.741	0.428	0.276	—
	预应力拉伸机YCW-100	台班	60.38	3.724	—	—	—	—	—	—
	预应力拉伸机YCW-150	台班	79.64	—	1.596	—	0.741	—	—	—
	预应力拉伸机YCW-250	台班	83.61	—	—	0.931	—	0.428	—	—
	预应力拉伸机YCW-400	台班	171.41	—	—	—	—	—	0.276	—
	其他机械费	%	—	1.000	1.000	1.000	1.000	1.000	1.000	—

4. 安装压浆管道和压浆

工作内容： 铁皮管、波纹管、三通管安装定位固定。胶管、管内塞钢筋或充气安放定位、缠裹接头、抽拔、清洗胶管、清孔等。管道压浆、砂浆配、拌、运、压浆等。

定 额 编 号			5-5-75	5-5-76	5-5-77
项 目			压浆管道		压浆
			橡胶管	铁皮管	
单 位			100m	100m	10m³
基 价 （元）			**258.61**	**6201.60**	**10432.97**
其中	人 工 费 （元）		136.80	262.80	2320.80
	材 料 费 （元）		121.81	5938.80	4317.27
	机 械 费 （元）		－	－	3794.90
名 称	单位	单价(元)	消	耗	量
人工 综合工日	工日	40.00	3.42	6.57	58.02
材料 素水泥浆	m³	407.74	－	－	10.500
橡胶护套管	m	45.00	2.680	－	－
铁皮管 φ50	m	56.00	－	105.000	－
水	m³	4.00	－	－	9.000
其他材料费	%	－	1.000	1.000	－
机械 灰浆搅拌机 200L	台班	69.99	－	－	7.876
双液压注浆泵 PH2×5	台班	259.39	－	－	7.876
机动翻斗车 1t	台班	147.68	－	－	7.876
其他机械费	%	－	－	－	1.000

三、现浇混凝土工程

1. 基础

工作内容：1. 碎石：安放流槽、碎石运装、找平。2. 混凝土：装运、抛块石。混凝土配拌、运输、浇筑、捣固、抹平、养生。3. 模板：模板制作、安装、涂脱模剂、模板拆除、修理、整堆。

定 额 编 号			5-5-78	5-5-79	5-5-80	5-5-81	5-5-82
项 目			碎石垫层	混凝土垫层	混凝土基础		
					毛石混凝土	混凝土	模板
单 位			10m³	10m³	10m³	10m³	10m²
基 价 （元）			**883.80**	**2984.67**	**2652.31**	**2966.05**	**226.82**
其中	人 工 费 （元）		248.00	502.80	440.80	490.80	76.80
	材 料 费 （元）		635.80	2167.63	1964.34	2179.57	150.02
	机 械 费 （元）		–	314.24	247.17	295.68	–
名 称	单位	单价（元）	消	耗	量		
人工 综合工日	工日	40.00	6.20	12.57	11.02	12.27	1.92
材料 碎石 80mm	m³	50.00	10.200	–	–	–	–
碎石 40mm	m³	50.00	2.516	–	–	–	–
现浇混凝土 C40-15（碎石）	m³	211.74	–	10.150	8.630	10.150	–
块石	m³	44.00	–	–	2.430	–	–

续前

定 额 编 号				5-5-78	5-5-79	5-5-80	5-5-81	5-5-82
项　目				碎石垫层	混凝土垫层	混凝土基础		
						毛石混凝土	混凝土	模板
材 料	草袋	条	2.15	–	–	5.300	5.300	–
	水	m³	4.00	–	4.200	3.760	3.760	–
	组合钢模板	kg	5.00	–	–	–	–	5.900
	钢支撑	kg	5.50	–	–	–	–	2.320
	零星卡具	kg	4.00	–	–	–	–	12.050
	中枋	m³	1800.00	–	–	–	–	0.030
	圆钉	kg	6.50	–	–	–	–	0.240
	脱模剂	kg	3.00	–	–	–	–	1.000
	模板相缝料	kg	2.00	–	–	–	–	0.500
	电	kW·h	0.85	–	1.960	4.320	4.680	–
机 械	双锥反转出料混凝土搅拌机 350L	台班	123.78	–	0.504	0.428	0.504	–
	机动翻斗车 1t	台班	147.68	–	1.074	0.912	1.074	–
	履带式电动起重机 5t	台班	193.42	–	0.466	0.295	0.371	–
	其他机械费	%	–	–	1.000	1.000	1.000	–

2. 承台

工作内容：1.混凝土：混凝土配拌、运输、浇筑、捣固、抹平、养生。2.模板：模板制作、安装、涂脱模剂、模板拆除、修理、整堆。

定　额　编　号			5-5-83	5-5-84	5-5-85
项　　　　　目			承台		
			混凝土	模板（无底模）	模板（有底模）
单　　　　　位			10m³	10m²	10m²
基　　价　（元）			**2578.35**	**231.87**	**567.87**
其中	人　工　费　（元）		541.60	95.60	121.20
	材　料　费　（元）		1711.38	136.27	393.80
	机　械　费　（元）		325.37	–	52.87
名　　　　称	单位	单价（元）	消　　耗　　量		
人工 综合工日	工日	40.00	13.54	2.39	3.03
材料 现浇混凝土 C20－20（碎石）	m³	164.63	10.150	–	–
草袋	条	2.15	8.280	–	–
水	m³	4.00	4.710	–	–
中枋	m³	1800.00	–	0.036	0.208
料 圆钉	kg	6.50	–	0.450	0.990

续前

定 额 编 号				5-5-83	5-5-84	5-5-85
项 目				承台		
				混凝土	模板(无底模)	模板(有底模)
材 料	脱模剂	kg	3.00	–	1.000	1.000
	铁件	kg	5.50	–	–	1.630
	组合钢模板	kg	5.00	–	5.900	–
	钢支撑	kg	5.50	–	4.640	–
	零星卡具	kg	4.00	–	2.380	–
	电	kW·h	0.85	4.400	–	–
	模板相缝料	kg	2.00	–	0.500	0.500
机 械	双锥反转出料混凝土搅拌机 350L	台班	123.78	0.504	–	–
	机动翻斗车 1t	台班	147.68	1.074	–	–
	履带式电动起重机 5t	台班	193.42	0.523	–	0.247
	木工圆锯机 φ500	台班	31.97	–	–	0.143
	其他机械费	%	–	1.000	–	1.000

3. 支撑梁与横梁

工作内容: 1. 混凝土:混凝土配拌、运输、浇筑、捣固、抹平、养生。2. 模板:模板制作、安装、涂脱模剂、模板拆除、修理、整堆。

定 额 编 号			5-5-86	5-5-87	5-5-88	5-5-89
项 目			支撑梁		横梁	
			混凝土	模板	混凝土	模板
单 位			10m³	10m²	10m³	10m²
基 价 (元)			**2537.17**	**564.45**	**2595.13**	**559.47**
其中	人 工 费 (元)		541.60	136.80	541.60	137.60
	材 料 费 (元)		1772.37	385.92	1728.16	367.05
	机 械 费 (元)		223.20	41.73	325.37	54.82
名 称	单位	单价(元)	消	耗	量	
人工	综合工日	工日	40.00	13.54	3.42	13.54	3.44
材料	现浇混凝土 C20-20(碎石)	m³	164.63	10.150	–	10.150	–
	草袋	条	2.15	21.450	–	10.730	–
	水	m³	4.00	12.880	–	7.590	–
	中枋	m³	1800.00	–	0.209	–	0.194
	圆钉	kg	6.50	–	0.880	–	2.130
	脱模剂	kg	3.00	–	1.000	–	1.000
	电	kW·h	0.85	4.400	–	4.400	–
	模板相缝料	kg	2.00	–	0.500	–	0.500
机械	双锥反转出料混凝土搅拌机 350L	台班	123.78	0.504	–	0.504	–
	机动翻斗车 1t	台班	147.68	1.074	–	1.074	–
	履带式电动起重机 5t	台班	193.42	–	0.190	0.523	0.257
	木工圆锯机 φ500	台班	31.97	–	0.143	–	0.143
	其他机械费	%	–	1.000	1.000	1.000	1.000

4. 墩身、台身

工作内容:1.混凝土:混凝土配拌、运输、浇筑、捣固、抹平、养生。2.模板:模板制作、安装、涂脱模剂、模板拆除、修理、整堆。

定 额 编 号			5-5-90	5-5-91	5-5-92	5-5-93	5-5-94	5-5-95
项 目			轻型桥台		实体式桥台		拱桥墩身	
			混凝土	模板	混凝土	模板	混凝土	模板
单 位			10m³	10m²	10m³	10m²	10m³	10m²
基 价 (元)			**2832.66**	**476.15**	**2658.46**	**391.46**	**2599.44**	**577.05**
其中	人 工 费 (元)		711.20	118.40	604.80	150.80	569.20	134.00
	材 料 费 (元)		1701.53	303.25	1693.12	173.85	1690.02	408.16
	机 械 费 (元)		419.93	54.50	360.54	66.81	340.22	34.89
名 称	单位	单价(元)	消	耗		量		
人工 综合工日	工日	40.00	17.78	2.96	15.12	3.77	14.23	3.35
材料 现浇混凝土 C20-20(碎石)	m³	164.63	10.150	–	10.150	–	10.150	–
中枋	m³	1800.00	–	0.161	–	0.032	–	0.171
草袋	条	2.15	1.640	–	1.680	–	1.310	–
水	m³	4.00	4.950	–	3.370	–	2.980	–
电	kW·h	0.85	8.480	–	5.920	–	5.040	–

续前

定　额　编　号			5-5-90	5-5-91	5-5-92	5-5-93	5-5-94	5-5-95
项　　目			轻型桥台		实体式桥台		拱桥墩身	
			混凝土	模板	混凝土	模板	混凝土	模板
材 料	圆钉	kg	6.50	–	0.480	–	0.100	–	0.820
	铁件	kg	5.50	–	1.150	–	7.920	–	16.550
	脱模剂	kg	3.00	–	1.000	–	1.000	–	1.000
	模板相缝料	kg	2.00	–	0.500	–	0.500	–	0.500
	组合钢模板	kg	5.00	–	–	–	5.900	–	–
	零星卡具	kg	4.00	–	–	–	2.380	–	–
	钢支撑	kg	5.50	–	–	–	4.640	–	–
	尼龙帽	个	1.00	–	–	–	3.500	–	–
机 械	双锥反转出料混凝土搅拌机 350L	台班	123.78	0.504	–	0.504	–	0.504	–
	机动翻斗车 1t	台班	147.68	1.074	–	1.074	–	1.074	–
	履带式电动起重机 5t	台班	193.42	1.007	0.257	0.703	0.342	0.599	0.133
	木工圆锯机 φ500	台班	31.97	–	0.133	–	–	–	0.276
	其他机械费	%	–	1.000	1.000	1.000	1.000	1.000	1.000

工作内容:1.混凝土:混凝土配拌、运输、浇筑、捣固、抹平、养生。2.模板:模板制作、安装、涂脱模剂、模板拆除、修理、整堆。

定　额　编　号			5-5-96	5-5-97	5-5-98	5-5-99	5-5-100	5-5-101
项　　目			拱桥台身		柱式墩台身		墩帽	
			混凝土	模板	混凝土	模板	混凝土	模板
单　　　　位			10m³	10m²	10m³	10m²	10m³	10m²
基　　价　（元）			**2637.33**	**796.69**	**2775.24**	**553.53**	**2698.39**	**591.68**
其 中	人　工　费　（元）		592.80	130.40	676.00	244.80	614.00	155.60
	材　料　费　（元）		1691.42	608.08	1699.63	202.85	1720.14	364.04
	机　械　费　（元）		353.11	58.21	399.61	105.88	364.25	72.04
名　　　称	单位	单价（元）	消	耗			量	
人工 综合工日	工日	40.00	14.82	3.26	16.90	6.12	15.35	3.89
材 料 现浇混凝土 C20-20(碎石)	m³	164.63	10.150	–	10.150	–	10.150	–
草袋	条	2.15	1.800	–	1.200	–	9.740	–
水	m³	4.00	2.950	–	4.900	–	5.760	–
电	kW·h	0.85	5.600	–	7.600	–	6.080	–
中枋	m³	1800.00	–	0.296	–	0.038	–	0.195

续前

定　额　编　号			5-5-96	5-5-97	5-5-98	5-5-99	5-5-100	5-5-101
项　　目			拱桥台身		柱式墩台身		墩帽	
			混凝土	模板	混凝土	模板	混凝土	模板
材料	圆钉	kg	6.50	–	1.430	–	0.350	–	1.390
	铁件	kg	5.50	–	11.270	–	6.870	–	–
	脱模剂	kg	3.00	–	1.000	–	1.000	–	1.000
	模板相缝料	kg	2.00	–	0.500	–	0.500	–	0.500
	组合钢模板	kg	5.00	–	–	–	5.900	–	–
	零星卡具	kg	4.00	–	–	–	2.380	–	–
	钢支撑	kg	5.50	–	–	–	8.690	–	–
	尼龙帽	个	1.00	–	–	–	3.570	–	–
机械	双锥反转出料混凝土搅拌机 350L	台班	123.78	0.504	–	0.504	–	0.504	–
	机动翻斗车 1t	台班	147.68	1.074	–	1.074	–	1.074	–
	履带式电动起重机 5t	台班	193.42	0.665	0.276	0.903	0.542	0.722	0.342
	木工圆锯机 φ500	台班	31.97	–	0.133	–	–	–	0.162
	其他机械费	%	–	1.000	1.000	1.000	1.000	1.000	1.000

工作内容:1.混凝土:混凝土配拌、运输、浇筑、捣固、抹平、养生。2.模板:模板制作、安装、涂脱模剂、模板拆除、修理、整堆。

定 额 编 号			5-5-102	5-5-103	5-5-104	5-5-105	5-5-106	5-5-107
项 目			台帽		墩盖梁		台盖梁	
			混凝土	模板	混凝土	模板	混凝土	模板
单 位			10m³	10m²	10m³	10m²	10m³	10m²
基 价 （元）			**2684.83**	**649.53**	**2861.51**	**436.10**	**2841.23**	**480.20**
其中	人 工 费 （元）		604.80	150.80	634.80	190.00	625.20	209.20
	材 料 费 （元）		1719.49	430.40	1854.63	130.40	1855.49	142.94
	机 械 费 （元）		360.54	68.33	372.08	115.70	360.54	128.06
名 称	单位	单价(元)	消	耗		量		
人工 综合工日	工日	40.00	15.12	3.77	15.87	4.75	15.63	5.23
材 料 现浇混凝土 C20-20(碎石)	m³	164.63	10.150	–	–	–	–	–
现浇混凝土 C30-20(碎石)	m³	178.67	–	–	10.150	–	10.150	–
草袋	条	2.15	8.530	–	6.650	–	6.790	–
水	m³	4.00	6.280	–	5.400	–	5.590	–
中枋	m³	1800.00	–	0.234	–	0.033	–	0.040

续前

定 额 编 号			5-5-102	5-5-103	5-5-104	5-5-105	5-5-106	5-5-107
项 目			台帽		墩盖梁		台盖梁	
			混凝土	模板	混凝土	模板	混凝土	模板
材料	组合钢模板	kg	5.00	–	–	–	5.900	–	5.900
	钢支撑	kg	5.50	–	–	–	4.640	–	4.640
	零星卡具	kg	4.00	–	–	–	2.380	–	2.380
	电	kW·h	0.85	5.920	–	6.160	–	5.920	–
	圆钉	kg	6.50	–	0.800	–	0.310	–	0.200
	铁件	kg	5.50	–	–	–	0.080	–	0.200
	脱模剂	kg	3.00	–	1.000	–	1.000	–	1.000
	模板相缝料	kg	2.00	–	0.500	–	0.500	–	0.500
机械	双锥反转出料混凝土搅拌机 350L	台班	123.78	0.504	–	0.551	–	0.504	–
	机动翻斗车 1t	台班	147.68	1.074	–	1.074	–	1.074	–
	履带式电动起重机 5t	台班	193.42	0.703	0.323	0.732	0.542	0.703	0.599
	木工圆锯机 φ500	台班	31.97	–	0.162	–	0.304	–	0.342
	其他机械费	%	–	1.000	1.000	1.000	1.000	1.000	1.000

5. 拱桥

工作内容: 1.混凝土:混凝土配拌、运输、浇筑、捣固、抹平、养生。2.模板:模板制作、安装、涂脱模剂、模板拆除、修理、整堆。

定 额 编 号			5-5-108	5-5-109	5-5-110	5-5-111	5-5-112	5-5-113
项 目			拱座		拱肋		拱上构件	
			混凝土	模板	混凝土	模板	混凝土	模板
单 位			10m³	10m²	10m³	10m²	10m³	10m²
基 价 (元)			**2960.63**	**792.77**	**3258.44**	**574.32**	**3292.60**	**642.36**
其中	人 工 费 (元)		864.40	408.80	1062.00	250.00	1212.80	281.20
	材 料 费 (元)		1663.01	369.54	1677.85	311.73	1856.60	361.16
	机 械 费 (元)		433.22	14.43	518.59	12.59	223.20	
名 称	单位	单价(元)	消		耗		量	
人工 综合工日	工日	40.00	21.61	10.22	26.55	6.25	30.32	7.03
材料 现浇混凝土 C25-40(碎石)	m³	160.51	10.150	–	10.150	–	–	–
现浇混凝土 C25-20(碎石)	m³	166.22	–	–	–	–	10.150	–
草袋	条	2.15	4.500	–	5.610	–	37.300	–
水	m³	4.00	4.170	–	6.500	–	17.890	–
中枋	m³	1800.00	–	0.189	–	0.168	–	0.196
铁件	kg	5.50	–	1.380	–	–	–	–
圆钉	kg	6.50	–	2.730	–	0.820	–	0.670
脱模剂	kg	3.00	–	1.000	–	1.000	–	1.000
电	kW·h	0.85	8.800	–	12.480	–	20.840	–
模板相缝料	kg	2.00	–	0.500	–	0.500	–	0.500
机械 双锥反转出料混凝土搅拌机 350L	台班	123.78	0.551	–	0.551	–	0.504	–
机动翻斗车 1t	台班	147.68	1.074	–	1.074	–	1.074	–
履带式电动起重机 5t	台班	193.42	1.045	–	1.482	–	–	–
木工圆锯机 φ500	台班	31.97	–	0.447	–	0.390	–	–
其他机械费	%	–	1.000	1.000	1.000	1.000	1.000	–

6. 箱梁

工作内容：1.混凝土:混凝土配拌、运输、浇筑、捣固、抹平、养生。2.模板:模板制作、安装、涂脱模剂、模板拆除、修理、整堆。

定 额 编 号				5-5-114	5-5-115	5-5-116	5-5-117	5-5-118	5-5-119
项 目				现浇混凝土0号块件		现浇混凝土箱梁		支架上现浇混凝土箱梁	
				混凝土	模板	混凝土	模板	混凝土	模板
单 位				10m³	10m²	10m³	10m²	10m³	10m²
基 价 （元）				**3570.31**	**1173.80**	**3477.13**	**998.48**	**3541.36**	**833.83**
其中	人 工 费 （元）			926.80	473.20	902.00	378.80	893.60	284.80
	材 料 费 （元）			2146.23	549.29	2155.80	499.23	2178.22	459.11
	机 械 费 （元）			497.28	151.31	419.33	120.45	469.54	89.92
	名 称	单位	单价（元）	消	耗		量		
人工	综合工日	工日	40.00	23.17	11.83	22.55	9.47	22.34	7.12
材料	现浇混凝土 C40-20(碎石)	m³	203.14	10.150	–	10.150	–	10.150	–
	钢板(中厚)	t	3750.00	0.004	–	0.005	–	0.007	–
	草袋	条	2.15	8.910	–	10.930	–	11.660	–
	水	m³	4.00	6.600	–	7.600	–	7.930	–

续前

定　额　编　号			5-5-114	5-5-115	5-5-116	5-5-117	5-5-118	5-5-119
项　目			现浇混凝土0号块件		现浇混凝土箱梁		支架上现浇混凝土箱梁	
			混凝土	模板	混凝土	模板	混凝土	模板
材料	中枋	m³	1800.00	–	0.293	–	0.269	–	0.245
	铁件	kg	5.50	–	1.480	–	0.740	–	1.430
	圆钉	kg	6.50	–	1.500	–	1.070	–	0.960
	脱模剂	kg	3.00	–	1.000	–	1.000	–	1.000
	电	kW·h	0.85	28.000	–	25.040	–	39.190	–
	模板相缝料	kg	2.00	–	0.500	–	0.500	–	0.500
机械	双锥反转出料混凝土搅拌机 350L	台班	123.78	0.618	–	0.618	–	0.618	–
	机动翻斗车 1t	台班	147.68	1.074	–	1.074	–	1.074	–
	履带式电动起重机 5t	台班	193.42	1.330	0.561	0.931	0.447	1.188	0.333
	木工圆锯机 φ500	台班	31.97	–	1.292	–	1.026	–	0.770
	其他机械费	%	–	1.000	1.000	1.000	1.000	1.000	1.000

注:当箱梁内无法拆除时,按无法拆除的模板工程量每10m²增加锯材0.30m³。

7. 板

工作内容:1.混凝土:混凝土配拌、运输、浇筑、捣固、抹平、养生。2.模板:模板制作、安装、涂脱模剂、模板拆除、修理、整堆。

定 额 编 号			5-5-120	5-5-121	5-5-122	5-5-123
项 目			矩形实体连续板		矩形空心连续板	
			混凝土	模板	混凝土	模板
单 位			10m³	10m²	10m³	10m²
基 价 (元)			**3040.45**	**249.21**	**3090.28**	**337.02**
其 中	人 工 费 (元)		733.60	83.60	748.40	–
	材 料 费 (元)		1879.10	118.18	1904.94	285.44
	机 械 费 (元)		427.75	47.43	436.94	51.58
名 称	单位	单价(元)	消 耗 量			
人 工 综合工日	工日	40.00	18.34	2.09	18.71	–
材 料 现浇混凝土 C30 – 20(碎石)	m³	178.67	10.150	–	10.150	–
草袋	条	2.15	18.400	–	21.430	–
水	m³	4.00	6.510	–	11.340	–
中枋	m³	1800.00	–	0.027	–	0.147

续前

定 额 编 号				5-5-120	5-5-121	5-5-122	5-5-123
项 目				矩形实体连续板		矩形空心连续板	
				混凝土	模板	混凝土	模板
材料	组合钢模板	kg	5.00	–	5.900	–	–
	钢支撑	kg	5.50	–	4.640	–	–
	零星卡具	kg	4.00	–	2.380	–	–
	铁件	kg	5.50	–	–	–	2.600
	圆钉	kg	6.50	–	0.160	–	0.390
	脱模剂	kg	3.00	–	1.000	–	1.000
	模板相缝料	kg	2.00	–	0.500	–	0.500
机械	双锥反转出料混凝土搅拌机 350L	台班	123.78	0.551	–	0.551	–
	机动翻斗车 1t	台班	147.68	1.074	–	1.074	–
	履带式电动起重机 5t	台班	193.42	1.017	0.238	1.064	0.209
	木工圆锯机 φ500	台班	31.97	–	0.029	–	0.333
	其他机械费	%	–	1.000	1.000	1.000	1.000

8. 板梁

工作内容:1.混凝土:混凝土配拌、运输、浇筑、捣固、抹平、养生。2.模板:模板制作、安装、涂脱模剂、模板拆除、修理、整堆。

定 额 编 号			5-5-124	5-5-125	5-5-126	5-5-127
项 目			实心板梁		空心板梁	
			混凝土	模板	混凝土	模板
单 位			10m³	10m²	10m³	10m²
基 价（元）			**2897.15**	**326.16**	**3042.73**	**629.73**
其中	人 工 费 （元）		656.40	155.60	736.40	239.20
	材 料 费 （元）		1855.78	116.03	1876.82	307.78
	机 械 费 （元）		384.97	54.53	429.51	82.75
名 称	单位	单价（元）	消	耗	量	
人工 综合工日	工日	40.00	16.41	3.89	18.41	5.98
材料 现浇混凝土 C30-20(碎石)	m³	178.67	10.150	–	10.150	–
草袋	条	2.15	8.050	–	11.470	–
水	m³	4.00	4.100	–	6.910	–
中枋	m³	1800.00	–	0.029	–	0.164
组合钢模板	kg	5.00	–	5.900	–	–
钢支撑	kg	5.50	–	4.640	–	–
电	kW·h	0.85	10.080	–	12.960	–
圆钉	kg	6.50	–	0.740	–	1.320
脱模剂	kg	3.00	–	1.000	–	1.000
模板相缝料	kg	2.00	–	0.500	–	0.500
机械 双锥反转出料混凝土搅拌机 350L	台班	123.78	0.551	–	0.551	–
机动翻斗车 1t	台班	147.68	1.074	–	1.074	–
履带式电动起重机 5t	台班	193.42	0.798	0.276	1.026	0.276
木工圆锯机 φ500	台班	31.97	–	0.019	–	0.893
其他机械费	%	–	1.000	1.000	1.000	1.000

9. 板拱

工作内容: 1. 混凝土:混凝土配拌、运输、浇筑、捣固、抹平、养生。2. 模板:模板制作、安装、涂脱模剂、模板拆除、修理、整堆。

定 额 编 号				5-5-128	5-5-129
项 目				板拱	
				混凝土	模板
单 位				10m³	10m²
基 价 (元)				**3201.76**	**603.64**
其中	人 工 费 (元)			866.40	229.60
	材 料 费 (元)			1900.18	318.02
	机 械 费 (元)			435.18	56.02
名 称		单位	单价(元)	消 耗 量	
人工	综合工日	工日	40.00	21.66	5.74
材料	现浇混凝土 C30-20(碎石)	m³	178.67	10.150	-
	草袋	条	2.15	21.470	-
	水	m³	4.00	7.300	-
	中枋	m³	1800.00	-	0.172
	圆钉	kg	6.50	-	0.680
	脱模剂	kg	3.00	-	1.000
	电	kW·h	0.85	13.320	-
	模板相缝料	kg	2.00	-	0.500
机械	双锥反转出料混凝土搅拌机 350L	台班	123.78	0.551	-
	机动翻斗车 1t	台班	147.68	1.074	-
	履带式电动起重机 5t	台班	193.42	1.055	0.238
	木工圆锯机 φ500	台班	31.97	-	0.295
	其他机械费	%	-	1.000	1.000

10. 挡墙

工作内容:1.混凝土:混凝土配拌、运输、浇筑、捣固、抹平、养生。2.模板:模板制作、安装、涂脱模剂、模板拆除、修理、整堆。

定 额 编 号				5-5-130	5-5-131
项 目				挡墙	
				混凝土	模板
单 位				10m³	10m²
基 价 （元）				**2593.29**	**337.63**
其中	人 工 费 （元）			563.20	104.40
	材 料 费 （元）			1693.58	181.27
	机 械 费 （元）			336.51	51.96
名 称		单位	单价(元)	消 耗 量	
人工	综合工日	工日	40.00	14.08	2.61
材料	现浇混凝土 C20-20(碎石)	m³	164.63	10.150	—
	草袋	条	2.15	1.360	—
	水	m³	4.00	3.360	—
	组合钢模板	kg	5.00	—	5.900
	零星卡具	kg	4.00	—	2.380

续前

定 额 编 号				5-5-130	5-5-131
项 目				挡墙	
				混凝土	模板
材	钢支撑	kg	5.50	–	5.580
	铁件	kg	5.50	–	10.140
	中枋	m³	1800.00	–	0.026
	圆钉	kg	6.50	–	0.190
	脱模剂	kg	3.00	–	1.000
	模板相缝料	kg	2.00	–	0.500
料	电	kW·h	0.85	7.320	–
	尼龙帽	个	1.00	–	3.750
机	双锥反转出料混凝土搅拌机 350L	台班	123.78	0.504	–
	机动翻斗车 1t	台班	147.68	1.074	–
械	履带式电动起重机 5t	台班	193.42	0.580	0.266
	其他机械费	%	–	1.000	1.000

11. 混凝土接头及灌缝

工作内容: 1.混凝土:混凝土配拌、运输、浇筑、捣固、抹平、养生。 2.模板:模板制作、安装、涂脱模剂、模板拆除、修理、整堆。

定 额 编 号				5-5-132	5-5-133	5-5-134	5-5-135	5-5-136
项 目				板梁间灌缝	梁与梁接头		柱与柱接头	
					混凝土	模板	混凝土	模板
单 位				10m³	10m³	10m²	10m³	10m²
基 价 (元)				**3760.70**	**3419.86**	**607.48**	**2872.10**	**565.57**
其中	人 工 费 (元)			722.80	733.20	203.60	797.60	128.80
	材 料 费 (元)			2808.82	2102.06	394.68	1845.42	428.79
	机 械 费 (元)			229.08	584.60	9.20	229.08	7.98
名 称		单位	单价(元)	消	耗		量	
人工	综合工日	工日	40.00	18.07	18.33	5.09	19.94	3.22
材料	现浇混凝土 C30－20(碎石)	m³	178.67	10.150	－	－	10.150	－
	现浇混凝土 C40－20(碎石)	m³	203.14	－	10.150	－	－	－
	中枋	m³	1800.00	0.232	－	0.205	－	0.211
	铁丝 8～22	kg	4.60	107.160		4.430		－

续前

定 额 编 号				5-5-132	5-5-133	5-5-134	5-5-135	5-5-136
项 目				板梁间灌缝	梁与梁接头		柱与柱接头	
					混凝土	模板	混凝土	模板
材料	草袋	条	2.15	24.960	3.120	–	–	–
	水	m³	4.00	7.780	6.780	–	7.980	–
	圆钉	kg	6.50	–	–	0.200	–	0.600
	脱模剂	kg	3.00	–	–	1.000	–	1.000
	模板相缝料	kg	2.00	–	–	0.500	–	0.500
	电	kW·h	0.85	–	7.480	–	–	–
	铁件	kg	5.50	–	–	–	–	7.470
机械	双锥反转出料混凝土搅拌机 350L	台班	123.78	0.551	0.618	–	0.551	–
	机动翻斗车 1t	台班	147.68	1.074	1.074	–	1.074	–
	履带式电动起重机 5t	台班	193.42	–	1.777	–	–	–
	木工圆锯机 φ500	台班	31.97	–	–	0.285	–	0.247
	其他机械费	%	–	1.000	1.000	1.000	1.000	1.000

工作内容:1.混凝土:混凝土配拌、运输、浇筑、捣固、抹平、养生。2.模板:模板制作、安装、涂脱模剂、模板拆除、修理、整堆。

定 额 编 号			5-5-137	5-5-138	5-5-139	5-5-140	5-5-141
项 目			柱与柱接头		拱上构件接头		板梁地砂浆勾缝
			混凝土	模板	混凝土	模板	
单 位			10m³	10m²	10m³	10m²	10m
基 价 (元)			**3048.60**	**544.46**	**3220.50**	**909.49**	**90.10**
其中	人 工 费 (元)		866.00	157.20	1070.40	407.60	87.60
	材 料 费 (元)		1953.52	377.44	1921.02	465.98	2.50
	机 械 费 (元)		229.08	9.82	229.08	35.91	–
名 称	单位	单价(元)	消	耗		量	
人工 综合工日	工日	40.00	21.65	3.93	26.76	10.19	2.19
材料 现浇混凝土 C30-20(碎石)	m³	178.67	10.150	–	10.150	–	–
水泥砂浆 M7.5	m³	119.06	–	–	–	–	0.021
中枋	m³	1800.00	–	0.201	–	0.249	–
圆钉	kg	6.50	–	1.790	–	2.120	–
草袋	条	2.15	31.700	–	21.460	–	–
水	m³	4.00	16.020	–	12.880	–	–
脱模剂	kg	3.00	–	1.000	–	1.000	–
电	kW·h	0.85	9.160	–	11.600	–	–
模板相缝料	kg	2.00	–	0.500	–	0.500	–
机械 双锥反转出料混凝土搅拌机 350L	台班	123.78	0.551	–	0.551	–	–
机动翻斗车 1t	台班	147.68	1.074	–	1.074	–	–
木工圆锯机 φ500	台班	31.97	–	0.304	–	1.112	–
其他机械费	%	–	1.000	1.000	1.000	1.000	–

12. 小型构件

工作内容:1.混凝土:混凝土配拌、运输、浇筑、捣固、抹平、养生。2.模板:模板制作、安装、涂脱模剂、模板拆除、修理、整堆。

定 额 编 号				5-5-142	5-5-143	5-5-144	5-5-145	5-5-146	5-5-147
项 目				防撞护栏		立柱、端柱、灯柱		地梁、侧石、缘石	
				混凝土	模板	混凝土	模板	混凝土	模板
单 位				10m³	10m²	10m³	10m²	10m³	10m²
基 价 (元)				**3261.68**	**287.68**	**3903.01**	**578.39**	**3071.03**	**378.19**
其中	人 工 费 (元)			1180.40	166.80	1919.60	252.40	1050.80	114.40
	材 料 费 (元)			1852.20	65.20	1754.33	306.65	1791.15	259.79
	机 械 费 (元)			229.08	55.68	229.08	19.34	229.08	4.00
名 称		单位	单价(元)	消		耗		量	
人工	综合工日	工日	40.00	29.51	4.17	47.99	6.31	26.27	2.86
材料	现浇混凝土 C30 – 20(碎石)	m³	178.67	10.150	–	–	–	–	–
	现浇混凝土 C25 – 20(碎石)	m³	166.22	–	–	10.150	–	10.150	–
	草袋	条	2.15	3.060	–	–	–	21.460	–
	水	m³	4.00	4.920	–	16.800	–	11.010	–

续前

定　额　编　号			5-5-142	5-5-143	5-5-144	5-5-145	5-5-146	5-5-147
项　目			防撞护栏		立柱、端柱、灯柱		地梁、侧石、缘石	
			混凝土	模板	混凝土	模板	混凝土	模板
材料	中枋	m³	1800.00	–	–	–	0.150	–	0.139
	定型钢模板	kg	5.00	–	12.240	–	–	–	–
	铁件	kg	5.50	–	–	–	4.790	–	–
	圆钉	kg	6.50	–	–	–	0.970	–	0.860
	脱模剂	kg	3.00	–	1.000	–	1.000	–	1.000
	模板相缝料	kg	2.00	–	0.500	–	0.500	–	0.500
	电	kW·h	0.85	14.640	–	–	–	16.280	–
机械	双锥反转出料混凝土搅拌机 350L	台班	123.78	0.551	–	0.551	–	0.551	–
	机动翻斗车 1t	台班	147.68	1.074	–	1.074	–	1.074	–
	履带式电动起重机 5t	台班	193.42	–	0.285	–	–	–	–
	木工圆锯机 φ500	台班	31.97	–	–	–	0.599	–	0.124
	其他机械费	%	–	1.000	1.000	1.000	1.000	1.000	1.000

13. 桥面混凝土铺装

工作内容：模板制作、安装、拆除。混凝土配、拌、浇、捣固、湿治养生等。

单位：10m³

定 额 编 号				5-5-148	5-5-149
项 目				桥面混凝土铺装	
				人行道	车行道
基 价 （元）				**2857.32**	**3128.39**
其中	人 工 费 （元）			715.60	770.40
	材 料 费 （元）			1912.64	2128.91
	机 械 费 （元）			229.08	229.08
名 称		单位	单价（元）	消 耗 量	
人工	综合工日	工日	40.00	17.89	19.26
材料	现浇混凝土 C25-20（碎石）	m³	166.22	10.150	10.150
	中枋	m³	1800.00	0.007	0.017
	草袋	条	2.15	64.380	128.800
	水	m³	4.00	16.880	31.500
	脱模剂	kg	3.00	0.060	0.150
	电	kW·h	0.85	7.920	9.000
	模板相缝料	kg	2.00	0.030	0.080
机械	双锥反转出料混凝土搅拌机 350L	台班	123.78	0.551	0.551
	机动翻斗车 1t	台班	147.68	1.074	1.074
	其他机械费	%	—	1.000	1.000

14. 桥面防水层

工作内容:清理面层、熬涂沥青、铺油毡或玻璃布、防水砂浆配拌、运料、抹平、涂黏接剂、橡胶裁剪、铺设等。

单位:100m²

定 额 编 号			5-5-150	5-5-151	5-5-152	5-5-153
项 目			一涂沥青	一层油毡	防水砂浆2cm	防水橡胶板2mm
基 价 (元)			**1008.45**	**303.32**	**1099.45**	**5209.60**
其中	人 工 费 (元)		99.60	11.60	308.00	109.60
	材 料 费 (元)		908.85	291.72	791.45	5100.00
	机 械 费 (元)		–	–	–	–
名 称	单位	单价(元)	消 耗 量			
人工 综合工日	工日	40.00	2.49	0.29	7.70	2.74
材料 煤沥青	t	2400.00	0.367	–	–	–
煤	kg	0.54	43.000	–	–	–
木柴	kg	0.46	10.500	–	–	–
油毛毡	m²	2.60	–	112.200	–	–
水泥砂浆 M15	m³	143.09	–	–	2.050	–
防水剂	kg	12.00	–	–	41.510	–
橡胶板	m²	30.00	–	–	–	102.000
氯丁橡胶粘接剂	kg	17.00	–	–	–	120.000

15. 人工挖孔桩混凝土护臂

工作内容: 混凝土水平运输、搅拌养护、木模板制作、模板安装、拆除、整理堆放及场内外运输、清理模板粘结物及模内杂物、刷隔离剂等。

定 额 编 号				5-5-154	5-5-155
项 目				混凝土护壁	木模板
单 位				10m³	10m²
基 价 （元）				**2513.55**	**452.77**
其中	人 工 费 （元）			710.40	228.40
	材 料 费 （元）			1663.37	217.91
	机 械 费 （元）			139.78	6.46
名 称		单位	单价（元）	消 耗 量	
人工	综合工日	工日	40.00	17.76	5.71
材 料	现浇混凝土 C20－40（碎石）	m³	158.94	10.200	－
	草袋	条	2.15	2.520	－
	水	m³	4.00	9.190	－
	铁钉	kg	6.97	－	2.230
	模板木材	m³	1450.00	－	0.120
	木撑方材	m³	2167.00	－	0.010
	隔离剂	kg	6.70	－	1.000
机 械	滚筒式混凝土搅拌机（电动）400L	台班	117.90	0.950	－
	木工圆锯机 φ500	台班	31.97	－	0.200
	混凝土振捣器 插入式	台班	13.89	1.900	－
	其他机械费	%	－	1.000	1.000

四、预制混凝土工程
1.桩

工作内容:1.混凝土:混凝土配拌、运输、浇筑、捣固、抹平、养生。2.模板:模板制作、安装、涂脱模剂、模板拆除、修理、整堆。

定 额 编 号			5-5-156	5-5-157	5-5-158	5-5-159
项 目			方桩		板桩	
			混凝土	模板	混凝土	模板
单 位			10m³	10m²	10m³	10m²
基 价 (元)			**2976.31**	**199.60**	**3050.83**	**517.28**
其中	人 工 费 (元)		712.40	96.80	746.40	166.00
	材 料 费 (元)		1893.79	102.80	1921.22	332.29
	机 械 费 (元)		370.12	–	383.21	18.99
名 称	单位	单价(元)	消 耗 量			
人工 综合工日	工日	40.00	17.81	2.42	18.66	4.15
材料 现浇混凝土 C30-20(碎石)	m³	178.67	10.150	–	10.150	–
草袋	条	2.15	16.120	–	25.790	–
水	m³	4.00	9.470	–	10.950	–
中枋	m³	1800.00	–	0.032	–	0.177

续前

定 额 编 号				5-5-156	5-5-157	5-5-158	5-5-159
项 目				方桩		板桩	
				混凝土	模板	混凝土	模板
材 料	组合钢模板	kg	5.00	–	1.970	–	–
	钢支撑	kg	5.50	–	4.640	–	–
	零星卡具	kg	4.00	–	1.180	–	–
	圆钉	kg	6.50	–	0.170	–	1.490
	脱模剂	kg	3.00	–	1.000	–	1.000
	电	kW·h	0.85	9.120	–	9.960	–
	模板相缝料	kg	2.00	–	0.500	–	0.500
机 械	双锥反转出料混凝土搅拌机 350L	台班	123.78	0.551	–	0.551	–
	机动翻斗车 1t	台班	147.68	1.074	–	1.074	–
	履带式电动起重机 5t	台班	193.42	0.722	–	0.789	–
	木工圆锯机 φ500	台班	31.97	–	–	–	0.361
	木工平刨床 450mm	台班	20.10	–	–	–	0.361
	其他机械费	%	–	–	1.000	–	1.000

2. 立柱

工作内容: 1. 混凝土:混凝土配拌、运输、浇筑、捣固、抹平、养生。 2. 模板:模板制作、安装、涂脱模剂、模板拆除、修理、整堆。

定 额 编 号			5-5-160	5-5-161	5-5-162	5-5-163
项 目			矩形		异形	
			混凝土	模板	混凝土	模板
单 位			10m³	10m²	10m³	10m²
基 价 (元)			**2935.51**	**198.56**	**3030.46**	**537.33**
其中	人 工 费 (元)		704.40	96.80	779.20	147.20
	材 料 费 (元)		1862.74	100.23	1855.15	374.14
	机 械 费 (元)		368.37	1.53	396.11	15.99
名 称	单位	单价(元)	消 耗 量			
人工 综合工日	工日	40.00	17.61	2.42	19.48	3.68
材料 现浇混凝土 C30-20(碎石)	m³	178.67	10.150	-	10.150	-
草袋	条	2.15	8.050	-	4.440	-
水	m³	4.00	6.070	-	5.730	-
中枋	m³	1800.00	-	0.029	-	0.190
组合钢模板	kg	5.00	-	1.970	-	-

续前

定 额 编 号				5-5-160	5-5-161	5-5-162	5-5-163
项 目				矩形		异形	
				混凝土	模板	混凝土	模板
材料	钢支撑	kg	5.50	–	4.640	–	–
	零星卡具	kg	4.00	–	1.180	–	–
	电	kW·h	0.85	9.000	–	10.800	–
	圆钉	kg	6.50	–	0.200	–	1.190
	铁件	kg	5.50	–	0.480	–	3.710
	脱模剂	kg	3.00	–	1.000	–	1.000
	模板相缝料	kg	2.00	–	0.500	–	0.500
机械	双锥反转出料混凝土搅拌机 350L	台班	123.78	0.551	–	0.551	–
	机动翻斗车 1t	台班	147.68	1.074	–	1.074	–
	履带式电动起重机 5t	台班	193.42	0.713	–	0.855	–
	木工圆锯机 φ500	台班	31.97	–	0.029	–	0.304
	木工平刨床 450mm	台班	20.10	–	0.029	–	0.304
	其他机械费	%	–	1.000	1.000	1.000	1.000

3. 板

工作内容: 1.混凝土:混凝土配拌、运输、浇筑、捣固、抹平、养生。2.模板:模板制作、安装、涂脱模剂、模板拆除、修理、整堆。

定 额 编 号			5-5-164	5-5-165	5-5-166	5-5-167	5-5-168	5-5-169
项 目			矩形板		空心板		微弯板	
			混凝土	模板	混凝土	模板	混凝土	模板
单 位			10m³	10m²	10m³	10m²	10m³	10m²
基 价 (元)			**2967.26**	**199.86**	**3001.44**	**331.37**	**2980.44**	**383.12**
其中	人 工 费 (元)		698.40	84.40	713.20	129.60	793.20	134.80
	材 料 费 (元)		1904.20	113.93	1918.12	184.26	1958.16	235.33
	机 械 费 (元)		364.66	1.53	370.12	17.51	229.08	12.99
名 称	单位	单价(元)	消		耗		量	
人工 综合工日	工日	40.00	17.46	2.11	17.83	3.24	19.83	3.37
材料 现浇混凝土 C30-20(碎石)	m³	178.67	10.150	–	10.150	–	10.150	–
草袋	条	2.15	22.600	–	20.420	–	36.400	–
水	m³	4.00	8.670	–	13.240	–	15.810	–
中枋	m³	1800.00	–	0.037	–	0.095	–	0.112
料 组合钢模板	kg	5.00	–	1.970	–	–	–	–

续前

定 额 编 号			5-5-164	5-5-165	5-5-166	5-5-167	5-5-168	5-5-169
项 目			矩形板		空心板		微弯板	
			混凝土	模板	混凝土	模板	混凝土	模板
材 料	钢支撑	kg	5.50	–	4.640	–	–	–	–
	零星卡具	kg	4.00	–	0.180	–	–	–	–
	电	kW·h	0.85	8.740	–	9.120	–	3.720	–
	圆钉	kg	6.50	–	0.420	–	0.510	–	1.900
	铁件	kg	5.50	–	0.820	–	1.080	–	3.160
	脱模剂	kg	3.00	–	1.000	–	1.000	–	1.000
	模板相缝料	kg	2.00	–	0.500	–	0.500	–	0.500
机 械	双锥反转出料混凝土搅拌机 350L	台班	123.78	0.551	–	0.551	–	0.551	–
	机动翻斗车 1t	台班	147.68	1.074	–	1.074	–	1.074	–
	履带式电动起重机 5t	台班	193.42	0.694	–	0.722	–	–	–
	木工圆锯机 φ500	台班	31.97	–	0.029	–	0.333	–	0.247
	木工平刨床 450mm	台班	20.10	–	0.029	–	0.333	–	0.247
	其他机械费	%	–	1.000	1.000	1.000	1.000	1.000	1.000

4. 梁

工作内容:1.混凝土:混凝土配拌、运输、浇筑、捣固、抹平、养生。2.模板:模板制作、安装、涂脱模剂、模板拆除、修理、整堆。

	定　额　编　号			5-5-170	5-5-171	5-5-172	5-5-173	5-5-174	5-5-175
	项　　　目			T形梁		I形梁		实心板梁	
				混凝土	模板	混凝土	模板	混凝土	模板
	单　　　　　位			10m³	10m²	10m³	10m²	10m³	10m²
	基　　价　（元）			**3245.15**	**572.40**	**3250.41**	**501.21**	**2833.92**	**229.28**
其中	人　工　费（元）			701.60	181.60	729.20	164.00	621.20	102.40
	材　料　费（元）			2177.14	331.22	2135.85	318.28	1872.29	124.36
	机　械　费（元）			366.41	59.58	385.36	18.93	340.43	2.52
	名　　　称	单位	单价(元)	消	耗		量		
人工	综合工日	工日	40.00	17.54	4.54	18.23	4.10	15.53	2.56
材料	现浇混凝土 C40－20（碎石）	m³	203.14	10.150	–	10.150	–	–	–
	现浇混凝土 C30－20（碎石）	m³	178.67	–	–	–	–	10.150	–
	草袋	条	2.15	19.970	–	11.170	–	12.880	–
	水	m³	4.00	13.680	–	10.450	–	6.320	–
	中枋	m³	1800.00	–	0.160	–	0.151	–	0.043
	组合钢模板	kg	5.00	–	–	–	–	–	1.970

续前

定　额　编　号				5-5-170	5-5-171	5-5-172	5-5-173	5-5-174	5-5-175
项　　目				T形梁		I形梁		实心板梁	
				混凝土	模板	混凝土	模板	混凝土	模板
材料	钢支撑	kg	5.50	–	–	–	–	–	4.640
	零星卡具	kg	4.00	–	–	–	–	–	1.180
	电	kW·h	0.85	20.720	–	9.600	–	6.840	–
	圆钉	kg	6.50	–	0.190	–	1.080	–	0.580
	铁件	kg	5.50	–	7.070	–	6.610	–	–
	脱模剂	kg	3.00	–	1.000	–	1.000	–	1.000
	模板相缝料	kg	2.00	–	0.050	–	0.050	–	0.050
机械	双锥反转出料混凝土搅拌机 350L	台班	123.78	0.551	–	0.551	–	0.551	–
	机动翻斗车 1t	台班	147.68	1.074	–	1.074	–	1.074	–
	履带式电动起重机 5t	台班	193.42	0.703	0.200	0.800	–	0.570	–
	木工圆锯机 φ500	台班	31.97	–	0.390	–	0.360	–	0.048
	木工平刨床 450mm	台班	20.10	–	0.390	–	0.360	–	0.048
	其他机械费	%	–	1.000	1.000	1.000	1.000	1.000	1.000

工作内容:1.混凝土:混凝土配拌、运输、浇筑、捣固、抹平、养生。2.模板:模板制作、安装、涂脱模剂、模板拆除、修理、整堆。

定 额 编 号				5-5-176	5-5-177	5-5-178	5-5-179	5-5-180	5-5-181
项 目				空心板梁(非预应力)		空心板梁(预应力)		箱型梁	
				混凝土	模板	混凝土	模板	混凝土	模板
单 位				10m³	10m²	10m³	10m²	10m³	10m²
基 价 (元)				**3001.52**	**522.09**	**3223.43**	**517.73**	**3432.16**	**881.73**
其中	人 工 费 (元)			701.60	299.20	681.20	340.40	830.80	398.40
	材 料 费 (元)			1933.51	123.22	2186.00	111.07	2187.50	330.44
	机 械 费 (元)			366.41	99.67	356.23	66.26	413.86	152.89
名 称		单位	单价(元)	消	耗		量		
人工	综合工日	工日	40.00	17.54	7.48	17.03	8.51	20.77	9.96
材料	现浇混凝土 C20-20(碎石)	m³	164.63	0.067	–	0.070	–	–	–
	现浇混凝土 C30-20(碎石)	m³	178.67	10.150	–	–	–	–	–
	现浇混凝土 C40-20(碎石)	m³	203.14	–	–	10.150	–	10.150	–
	草袋	条	2.15	20.800	–	14.980	–	10.990	–
	水	m³	4.00	13.550	–	17.380	–	9.350	–
	中枋	m³	1800.00	–	0.038	–	0.035	–	0.168
	组合钢模板	kg	5.00	–	1.970	–	1.970	–	–
	钢支撑	kg	5.50	–	4.640	–	4.640	–	–

续前

定 额 编 号			5-5-176	5-5-177	5-5-178	5-5-179	5-5-180	5-5-181
项 目			空心板梁(非预应力)		空心板梁(预应力)		箱型梁	
			混凝土	模板	混凝土	模板	混凝土	模板
材料	零星卡具	kg	4.00	–	1.180	–	1.180	–	–
	电	kW·h	0.85	11.840	–	12.800	–	76.000	–
	橡胶环	m	3.00	–	0.140	–	0.120	–	–
	橡胶环外套	m	18.00	–	–	–	0.060	–	–
	圆钉	kg	6.50	–	0.740	–	0.390	–	1.760
	铁件	kg	5.50	–	1.000	–	–	–	2.290
	脱模剂	kg	3.00	–	1.000	–	1.000	–	1.000
	模板相缝料	kg	2.00	–	0.500	–	0.500	–	0.500
机械	双锥反转出料混凝土搅拌机 350L	台班	123.78	0.551	–	0.618	–	0.618	–
	机动翻斗车 1t	台班	147.68	1.074	–	1.074	–	1.074	–
	履带式电动起重机 5t	台班	193.42	0.703	–	0.608	–	0.903	0.399
	木工圆锯机 φ500	台班	31.97	–	0.048	–	0.048	–	1.425
	木工平刨床 450mm	台班	20.10	–	0.048	–	0.048	–	1.425
	卷扬机(单筒快速) 1t	台班	94.89	–	0.527	–	0.665	–	–
	电动空气压缩机 0.6m³/min 以内	台班	93.47	–	0.494	–	–	–	–
	其他机械费	%	–	1.000	1.000	1.000	1.000	1.000	1.000

工作内容:1.混凝土:混凝土配拌、运输、浇筑、捣固、抹平、养生。2.模板:模板制作、安装、涂脱模剂、模板拆除、修理、整堆。

定 额 编 号			5-5-182	5-5-183	5-5-184	5-5-185
项 目			箱型块件		槽型梁	
			混凝土	模板	混凝土	模板
单 位			10m³	10m²	10m³	10m²
基 价 (元)			**3435.66**	**877.36**	**3290.20**	**908.03**
其中	人 工 费 (元)		834.80	389.60	758.40	409.60
	材 料 费 (元)		2185.24	336.63	2145.88	343.59
	机 械 费 (元)		415.62	151.13	385.92	154.84
名 称	单位	单价(元)	消 耗 量			
人工 综合工日	工日	40.00	20.87	9.74	18.96	10.24
材 料	现浇混凝土 C40-20(碎石)	m³	203.14	10.150	–	10.150	–
	草袋	条	2.15	14.190	–	8.840	–
	水	m³	4.00	10.160	–	8.090	–
	中枋	m³	1800.00	–	0.175	–	0.177
	圆钉	kg	6.50	–	1.570	–	1.740
	铁件	kg	5.50	–	1.350	–	1.760
	脱模剂	kg	3.00	–	1.000	–	1.000
	电	kW·h	0.85	61.440	–	38.400	–
	模板相缝料	kg	2.00	–	0.500	–	0.500
机 械	双锥反转出料混凝土搅拌机 350L	台班	123.78	0.618	–	0.618	–
	机动翻斗车 1t	台班	147.68	1.074	–	1.074	–
	履带式电动起重机 5t	台班	193.42	0.912	0.390	0.760	0.409
	木工圆锯机 φ500	台班	31.97	–	1.425	–	1.425
	木工平刨床 450mm	台班	20.10	–	1.425	–	1.425
	其他机械费	%	–	1.000	1.000	1.000	1.000

5. 双曲拱构件

工作内容：1. 混凝土：混凝土配拌、运输、浇筑、捣固、抹平、养生。2. 模板：模板制作、安装、涂脱模剂、模板拆除、修理、整堆。

定　额　编　号				5-5-186	5-5-187
项　　目				拱肋	
				混凝土	模板
单　　　　　　　　　位				10m³	10m²
基　　价（元）				**3012.22**	**459.19**
其中	人　工　费　（元）			822.80	155.60
	材　料　费　（元）			1960.34	284.08
	机　械　费　（元）			229.08	19.51
名　　　　　称	单位	单价(元)		消　耗　量	
人工 综合工日	工日	40.00		20.57	3.89
材料 现浇混凝土 C30－20（碎石）	m³	178.67		10.150	－
草袋	条	2.15		31.490	－
水	m³	4.00		18.090	－
中枋	m³	1800.00		－	0.150
圆钉	kg	6.50		－	1.550
脱模剂	kg	3.00		－	1.000
电	kW·h	0.85		7.970	－
模板相缝料	kg	2.00		－	0.500
机械 双锥反转出料混凝土搅拌机 350L	台班	123.78		0.551	－
机动翻斗车 1t	台班	147.68		1.074	－
木工圆锯机 φ500	台班	31.97		－	0.371
木工平刨床 450mm	台班	20.10		－	0.371
其他机械费	%	－		1.000	1.000

6. 桁架拱构件

工作内容:1.混凝土:混凝土配拌、运输、浇筑、捣固、抹平、养生。2.模板:模板制作、安装、涂脱模剂、模板拆除、修理、整堆。

定 额 编 号			5-5-188	5-5-189	5-5-190	5-5-191
项 目			桁架梁及桁架拱片		横向联系构件	
			混凝土	模板	混凝土	模板
单 位			10m³	10m²	10m³	10m²
基 价 (元)			**3339.31**	**650.10**	**3603.63**	**517.46**
其中	人 工 费 (元)		1040.40	392.00	1398.80	248.40
	材 料 费 (元)		2069.83	192.62	1975.75	221.10
	机 械 费 (元)		229.08	65.48	229.08	47.96
名 称	单位	单价(元)	消	耗	量	
人工 综合工日	工日	40.00	26.01	9.80	34.97	6.21
材料 现浇混凝土 C30-20(碎石)	m³	178.67	10.150	–	10.150	–
草袋	条	2.15	81.120	–	50.220	–
水	m³	4.00	20.480	–	13.570	–
中枋	m³	1800.00	–	0.106	–	0.122
圆钉	kg	6.50	–	0.080	–	0.030
脱模剂	kg	3.00	–	0.100	–	0.100
模板相缝料	kg	2.00	–	0.500	–	0.500
机械 双锥反转出料混凝土搅拌机 350L	台班	123.78	0.551	–	0.551	–
机动翻斗车 1t	台班	147.68	1.074	–	1.074	–
木工圆锯机 φ500	台班	31.97	–	1.245	–	0.912
木工平刨床 450mm	台班	20.10	–	1.245	–	0.912
其他机械费	%	–	1.000	1.000	1.000	1.000

7. 小型构件

工作内容: 1. 混凝土:混凝土配拌、运输、浇筑、捣固、抹平、养生。2. 模板:模板制作、安装、涂脱模剂、模板拆除、修理、整堆。

定 额 编 号			5-5-192	5-5-193	5-5-194	5-5-195	5-5-196	5-5-197
项 目			缘石、人行道板、锚锭板		灯柱、端柱、栏杆		拱上构件	
			混凝土	模板	混凝土	模板	混凝土	模板
单 位			10m³	10m²	10m³	10m²	10m³	10m²
基 价 (元)			**3074.73**	**361.98**	**3654.40**	**664.12**	**3749.18**	**667.33**
其中	人 工 费 (元)		964.80	182.80	1473.60	359.60	1619.60	418.80
	材 料 费 (元)		1880.85	154.67	1951.72	251.56	1900.50	158.60
	机 械 费 (元)		229.08	24.51	229.08	52.96	229.08	89.93
名 称	单位	单价(元)	消		耗		量	
人工 综合工日	工日	40.00	24.12	4.57	36.84	8.99	40.49	10.47
材料 现浇混凝土 C25-20(碎石)	m³	166.22	10.150	–	–	–	10.150	–
现浇混凝土 C30-20(碎石)	m³	178.67	–	–	10.150	–	–	–
草袋	条	2.15	50.260	–	38.790	–	53.660	–
水	m³	4.00	19.960	–	12.550	–	24.500	–
中枋	m³	1800.00	–	0.068	–	0.128	–	0.083
圆钉	kg	6.50	–	0.600	–	2.640	–	0.800
铁件	kg	5.50	–	4.430	–	–	–	–
脱模剂	kg	3.00	–	1.000	–	1.000	–	1.000
电	kW·h	0.85	6.840	–	5.440	–	–	–
模板相缝料	kg	2.00	–	0.500	–	0.500	–	0.500
机械 双锥反转出料混凝土搅拌机 350L	台班	123.78	0.551	–	0.551	–	0.551	–
机动翻斗车 1t	台班	147.68	1.074	–	1.074	–	1.074	–
木工圆锯机 φ500	台班	31.97	–	0.466	–	1.007	–	1.710
木工平刨床 450mm	台班	20.10	–	0.466	–	1.007	–	1.710
其他机械费	%	–	1.000	1.000	1.000	1.000	1.000	1.000

8. 板拱

工作内容:1.混凝土:混凝土配拌、运输、浇筑、捣固、抹平、养生。2.模板:模板制作、安装、涂脱模剂、模板拆除、修理、整堆。

定 额 编 号				5-5-198	5-5-199
项 目				板拱	
				混凝土	模板
单 位				10m³	10m²
基 价（元）				**3198.52**	**515.28**
其中	人 工 费（元）			870.80	231.60
	材 料 费（元）			1896.25	239.71
	机 械 费（元）			431.47	43.97
名 称		单位	单价（元）	消 耗 量	
人工	综合工日	工日	40.00	21.77	5.79
材 料	现浇混凝土 C30-20(碎石)	m³	178.67	10.150	–
	草袋	条	2.15	21.460	–
	水	m³	4.00	7.300	–
	中枋	m³	1800.00	–	0.129
	圆钉	kg	6.50	–	0.540
	脱模剂	kg	3.00	–	1.000
	电	kW·h	0.85	8.720	–
	模板相缝料	kg	2.00	–	0.500
机 械	双锥反转出料混凝土搅拌机 350L	台班	123.78	0.551	–
	机动翻斗车 1t	台班	147.68	1.074	–
	履带式电动起重机 5t	台班	193.42	1.036	–
	木工圆锯机 φ500	台班	31.97	–	0.836
	木工平刨床 450mm	台班	20.10	–	0.836
	其他机械费	%	–	1.000	1.000

9. 筑、拆胎、地模

工作内容: 平整场地、模板制作、安装、拆除。混凝土配拌、运输、筑浇、砌、堆、拆除等。

定 额 编 号				5-5-200	5-5-201	5-5-202	5-5-203
项 目				砖地模	混凝土地模		土胎模
					混凝土	模板	
单 位				100m²	100m²	10m²	10m²
基 价 (元)				**2580.12**	**5671.19**	**149.31**	**1333.66**
其中	人 工 费 (元)			976.80	1819.60	144.40	679.20
	材 料 费 (元)			1596.60	3154.07	–	624.65
	机 械 费 (元)			6.72	697.52	4.91	29.81
名 称		单位	单价(元)	消 耗 量			
人工	综合工日	工日	40.00	24.42	45.49	3.61	16.98
材料	水泥砂浆 M5	m³	110.96	1.445	–	–	–
	水泥砂浆 1:2	m³	197.16	2.050	–	–	–
	红砖	千块	290.00	2.852	–	–	–
	草袋	条	2.15	64.000	64.000	–	–
	水	m³	4.00	16.850	16.800	–	–
	现浇混凝土 C20-15(碎石)	m³	170.52	–	15.230	–	–

续前

定 额 编 号			5-5-200	5-5-201	5-5-202	5-5-203
项 目			砖地模	混凝土地模		土胎模
				混凝土	模板	
材料	中(粗)砂	m³	47.00	–	5.675	–	–
	黏土	m³	20.00	–	–	–	26.810
	生石灰	kg	0.15	–	–	–	3.020
	风镐凿子	根	9.00	–	9.000	–	–
	电	kW·h	0.85	–	5.320	–	–
	塑料薄膜	m²	0.80	–	–	–	110.000
机械	灰浆搅拌机 200L	台班	69.99	0.095	–	–	–
	双锥反转出料混凝土搅拌机 350L	台班	123.78	–	0.751	–	–
	机动翻斗车 1t	台班	147.68	–	1.606	–	–
	电动空气压缩机 1m³/min 以内	台班	110.95	–	3.249	–	–
	木工圆锯机 φ500	台班	31.97	–	–	0.152	–
	夯实机(电动)夯击能力 20~62kg/m	台班	28.49	–	–	–	1.036
	其他机械费	%	–	1.000	1.000	1.000	1.000

注:混凝土块石灰消解费包括在材料单价中。

五、安装工程

1. 安装排架立柱

工作内容:安拆地锚,竖拆及移动爬杆,起吊设备就位,整修构件,吊装,定位,固定,配、拌、运、填细石混凝土。

单位:10m³

定 额 编 号			5-5-204	5-5-205
项 目			扒杆安装	起重机安装
基 价 (元)			**1567.15**	**1082.68**
其中	人 工 费 (元)		839.20	402.80
	材 料 费 (元)		142.23	102.31
	机 械 费 (元)		585.72	577.57
名 称	单位	单价(元)	消 耗	量
人工 综合工日	工日	40.00	20.98	10.07
材料 原木	m³	1100.00	0.009	–
中枋	m³	1800.00	0.003	–
板材	m³	1300.00	0.002	–
螺栓	kg	6.80	0.037	–
扒钉	kg	6.00	0.132	–
钢丝绳	kg	8.80	2.384	–
现浇混凝土 C20-15(碎石)	m³	170.52	0.600	0.600
机械 卷扬机(单筒快速)1t	台班	94.89	3.458	–
卷扬机(双筒慢速)5t	台班	145.63	1.729	–
汽车式起重机 10t	台班	654.29	–	0.874
其他机械费	%	–	1.000	1.000

2. 安装柱式墩、台管节

工作内容:安拆地锚、竖拆及移动扒杆、起吊设备就位、冲洗管节、整修构件、吊装定位、固定、砂浆配拌运、勾缝座浆等。　　　　单位:10m

定　额　编　号			5-5-206	5-5-207	5-5-208	5-5-209	5-5-210	5-5-211
项　　　目			扒杆安装			起重机安装		
			φ≤1000	φ≤1500	φ≤2000	φ≤1000	φ≤1500	φ≤2000
基　　　价　（元）			**2877.30**	**6996.84**	**9666.76**	**2722.90**	**6937.22**	**9746.25**
其中	人　工　费　（元）		241.60	533.20	684.00	207.60	427.20	556.00
	材　料　费　（元）		2484.37	6212.62	8648.06	2448.49	6176.74	8612.19
	机　械　费　（元）		151.33	251.02	334.70	66.81	333.28	578.06
名　　称	单位	单价（元）	消		耗		量	
人工 综合工日	工日	40.00	6.04	13.33	17.10	5.19	10.68	13.90
材料	钢筋砼管 φ≤1000	m	242.00	10.100	–	–	10.100	–	–
	钢筋砼管 φ≤1500	m	610.00	–	10.100	–	–	10.100	–
	钢筋砼管 φ≤2000	m	850.00	–	–	10.100	–	–	10.100
	水泥砂浆 M15	m³	143.09	0.030	0.110	0.190	0.030	0.110	0.190
	原木	m³	1100.00	0.009	0.009	0.009	–	–	–
	中枋	m³	1800.00	0.003	0.003	0.003	–	–	–
	板材	m³	1300.00	0.001	0.001	0.001	–	–	–
	螺栓	kg	6.80	0.039	0.039	0.039	–	–	–
	钢丝绳	kg	8.80	2.123	2.123	2.123	–	–	–
	扒钉	kg	6.00	0.055	0.055	0.055	–	–	–
机械	卷扬机(双筒慢速) 5t	台班	145.63	0.447	0.741	0.988	–	–	–
	卷扬机(单筒快速) 1t	台班	94.89	0.893	1.482	1.976	–	–	–
	履带式电动起重机 5t	台班	193.42	–	–	–	0.342	–	–
	履带式起重机 10t	台班	578.91	–	–	–	–	0.570	–
	履带式起重机 15t	台班	753.08	–	–	–	–	–	0.760
	其他机械费	%	–	1.000	1.000	1.000	1.000	1.000	1.000

3. 安装矩形板、空心板、微弯板

工作内容: 安拆地锚、竖拆扒杆及移动、起吊设备就位、整修构件、吊装定位、铺浆固定等。

单位:10m³

	定 额 编 号			5-5-212	5-5-213	5-5-214	5-5-215	5-5-216	5-5-217
	项 目			矩形板		空心板		微弯板	
				扒杆安装	起重机安装	扒杆安装	起重机安装	人力安装	扒杆安装
	基 价 (元)			**584.84**	**410.76**	**440.15**	**307.50**	**2224.01**	**2834.26**
其中	人 工 费 (元)			264.00	184.80	164.00	97.20	2112.40	1748.00
	材 料 费 (元)			131.60	60.38	128.45	57.24	111.61	144.76
	机 械 费 (元)			189.24	165.58	147.70	153.06	–	941.50
	名 称	单位	单价(元)	消	耗		量		
人工	综合工日	工日	40.00	6.60	4.62	4.10	2.43	52.81	43.70
材料	水泥砂浆 M15	m³	143.09	0.422	0.422	0.400	0.400	0.780	0.780
	原木	m³	1100.00	0.006	–	0.006	–	–	0.007
	中枋	m³	1800.00	0.004	–	0.004	–	–	0.002
	板材	m³	1300.00	0.003	–	0.003	–	–	0.002
	圆钉	kg	6.50	0.011	–	0.011	–	–	–
	扒钉	kg	6.00	0.311	–	0.311	–	–	0.008
	铁件	kg	5.50	–	–	–	–	–	0.160
	钢丝绳	kg	8.80	5.587	–	5.587	–	–	1.967
	棕绳	kg	7.20	0.335	–	0.335	–	–	0.140
机械	卷扬机(双筒慢速) 3t	台班	124.72	–	–	–	–	–	2.964
	卷扬机(双筒慢速) 5t	台班	145.63	0.779	–	0.608	–	–	–
	卷扬机(单筒快速) 1t	台班	94.89	0.779	–	0.608	–	–	5.928
	汽车式起重机 8t	台班	593.97	–	0.276	–	–	–	–
	汽车式起重机 12t	台班	725.11	–	–	–	0.209	–	–
	其他机械费	%	–	1.000	1.000	1.000	1.000	–	1.000

4. 安装梁

工作内容:安拆地锚、竖拆扒杆及移动、搭拆木垛、打拔缆风桩、组装拆卸万能杆件、装卸运移动、安装轨道、枕木、平车、卷扬机及索具、安装就位、固定、调制环氧树脂等。

单位:10m³

定　额　编　号			5-5-218	5-5-219	5-5-220	5-5-221	5-5-222	5-5-223
项　　目				板梁				
			扒杆 $L \leqslant 25\text{m}$	起重机				
				$L \leqslant 10\text{m}$	$L \leqslant 13\text{m}$	$L \leqslant 16\text{m}$	$L \leqslant 20\text{m}$	$L \leqslant 25\text{m}$
基　　　　价　（元）			**971.26**	**412.61**	**408.20**	**946.76**	**1041.51**	**842.55**
其中	人　工　费　（元）		349.20	76.80	72.80	69.60	57.60	51.60
	材　料　费　（元）		140.11	–	–	–	–	–
	机　械　费　（元）		481.95	335.81	335.40	877.16	983.91	790.95
名　　　称	单位	单价(元)	消　　　　耗　　　　量					
人工 综合工日	工日	40.00	8.73	1.92	1.82	1.74	1.44	1.29
材料 原木	m³	1100.00	0.006	–	–	–	–	–
中枋	m³	1800.00	0.026	–	–	–	–	–
板材	m³	1300.00	0.006	–	–	–	–	–
圆钉	kg	6.50	0.011	–	–	–	–	–

定 额 编 号			5-5-218	5-5-219	5-5-220	5-5-221	5-5-222	5-5-223
项 目			板梁					
			扒杆 L≤25m	起重机				
				L≤10m	L≤13m	L≤16m	L≤20m	L≤25m
材 料	扒钉	kg	6.00	0.382	–	–	–	–	–
	钢丝绳	kg	8.80	7.539	–	–	–	–	–
	棕绳	kg	7.20	1.417	–	–	–	–	–
机 械	卷扬机(双筒慢速)10t	台班	266.85	1.045	–	–	–	–	–
	卷扬机(单筒快速)1t	台班	94.89	2.090	–	–	–	–	–
	汽车式起重机 20t	台班	1204.64	–	0.276	–	–	–	–
	汽车式起重机 25t	台班	1292.14	–	–	0.257	–	–	–
	汽车式起重机 50t	台班	3516.10	–	–	–	0.247	–	–
	汽车式起重机 75t	台班	4870.84	–	–	–	–	0.200	–
	汽车式起重机 80t	台班	5152.07	–	–	–	–	–	0.152
	其他机械费	%	–	1.000	1.000	1.000	1.000	1.000	1.000

工作内容:安拆地锚、竖拆扒杆及移动、搭拆木垛、打拔缆风桩、组装拆卸万能杆件、装卸运移动、安装轨道、枕木、平车、卷扬机及索具、安装
就位、固定、调制环氧树脂等。

单位:10m³

定 额 编 号			5-5-224	5-5-225	5-5-226	5-5-227
项 目			T 型梁			
			扒杆 L≤50m	起重机 L≤10m	起重机 L≤20m	起重机 L≤30m
基 价 (元)			**1668.27**	**766.00**	**1490.07**	**2574.51**
其中	人 工 费 (元)		384.40	89.20	88.00	80.80
	材 料 费 (元)		266.43	-	-	-
	机 械 费 (元)		1017.44	676.80	1402.07	2493.71
名 称	单位	单价(元)	消 耗 量			
人工 综合工日	工日	40.00	9.61	2.23	2.20	2.02
材料 原木	m³	1100.00	0.002	-	-	-
中枋	m³	1800.00	0.029	-	-	-
板材	m³	1300.00	0.005	-	-	-
扒钉	kg	6.00	0.345	-	-	-
圆钉	kg	6.50	0.009	-	-	-
钢丝绳	kg	8.80	21.910	-	-	-
棕绳	kg	7.20	1.471	-	-	-
机械 卷扬机(双筒慢速)10t	台班	266.85	2.204	-	-	-
卷扬机(单筒快速)1t	台班	94.89	4.418	-	-	-
汽车式起重机 40t	台班	2204.26	-	0.304	-	-
汽车式起重机 75t	台班	4870.84	-	-	0.285	-
汽车式起重机 125t	台班	8663.24	-	-	-	0.285
其他机械费	%	-	1.000	1.000	1.000	1.000

工作内容:安拆地锚、竖拆扒杆及移动、搭拆木垛、打拔缆风桩、组装拆卸万能杆件、装卸运移动、安装轨道、枕木、平车、卷扬机及索具、安装就位、固定、调制环氧树脂等。

单位:10m³

定 额 编 号			5-5-228	5-5-229	5-5-230	5-5-231
项 目			Ⅰ型梁			
			扒杆	起重机		
			$L \leqslant 30\text{m}$	$L \leqslant 10\text{m}$	$L \leqslant 20\text{m}$	$L \leqslant 30\text{m}$
基 价 (元)			**1717.34**	**430.43**	**812.70**	**1584.74**
其中	人 工 费 (元)		399.60	98.40	93.60	89.20
	材 料 费 (元)		267.73	–	–	–
	机 械 费 (元)		1050.01	332.03	719.10	1495.54
名 称	单位	单价(元)	消 耗 量			
人工 综合工日	工日	40.00	9.99	2.46	2.34	2.23
材料 原木	m³	1100.00	0.002	–	–	–
中枋	m³	1800.00	0.029	–	–	–
板材	m³	1300.00	0.006	–	–	–
扒钉	kg	6.00	0.345	–	–	–
圆钉	kg	6.50	0.009	–	–	–
钢丝绳	kg	8.80	21.910	–	–	–
棕绳	kg	7.20	1.471	–	–	–
机械 卷扬机(双筒慢速)10t	台班	266.85	2.146	–	–	–
卷扬机(单筒快速)1t	台班	94.89	4.921	–	–	–
汽车式起重机 16t	台班	933.93	–	0.352	–	–
汽车式起重机 40t	台班	2204.26	–	–	0.323	–
汽车式起重机 75t	台班	4870.84	–	–	–	0.304
其他机械费	%	–	1.000	1.000	1.000	1.000

工作内容: 安拆地锚、竖拆扒杆及移动、搭拆木垛、打拔缆风桩、组装拆卸万能杆件、装卸运移动、安装轨道、枕木、平车、卷扬机及索具、安装就位、固定、调制环氧树脂等。

定 额 编 号			5-5-232	5-5-233	5-5-234	5-5-235	5-5-236
项 目			安装预应力桁架梁		箱型块	简支梁	环氧树脂
			扒杆	起重机	万能杆件		接缝
单 位			10m³	10m³	10m³	10m³	10m²
基 价 (元)			**4451.93**	**7217.00**	**4450.26**	**4314.66**	**1509.24**
其中	人 工 费 (元)		1323.20	690.80	3110.00	3082.80	323.20
	材 料 费 (元)		231.32	12.02	870.37	870.37	1186.04
	机 械 费 (元)		2897.41	6514.18	469.89	361.49	—
名 称	单位	单价(元)	消	耗		量	
人工	综合工日	工日	40.00	33.08	17.27	77.75	77.07	8.08
材料	水泥砂浆 M15	m³	143.09	0.010	0.010	—	—	—
	原木	m³	1100.00	0.017	—	—	—	—
	中枋	m³	1800.00	0.005	—	0.068	0.068	—
	板材	m³	1300.00	0.003	—	—	—	—
	型钢	kg	3.70	—	—	189.000	189.000	—
	钢轨	kg	4.50	—	—	6.000	6.000	—
	鱼尾板	kg	7.00	—	—	2.670	2.670	—

续前

定　额　编　号				5-5-232	5-5-233	5-5-234	5-5-235	5-5-236
项　　　　目				安装预应力桁架梁		箱型块	简支梁	环氧树脂
				扒杆	起重机	万能杆件		接缝
材 料	铁件	kg	5.50	–	–	0.301	0.301	–
	环氧树脂	kg	31.00	–	–	–	–	38.250
	螺栓	kg	6.80	0.074	–	–	–	–
	扒钉	kg	6.00	0.264	–	–	–	–
	钢丝绳	kg	8.80	21.092	–	–	–	–
	安全网	m²	9.73	–	–	–	–	0.030
	棕绳	kg	7.20	1.471	1.471	0.184	0.184	–
机 械	卷扬机（双筒慢速）3t	台班	124.72	–	–	1.273	0.969	–
	卷扬机（双筒慢速）5t	台班	145.63	8.569	–	–	–	–
	卷扬机（双筒慢速）10t	台班	266.85	–	–	0.637	0.485	–
	卷扬机（单筒快速）1t	台班	94.89	17.081	–	1.273	0.969	–
	汽车式起重机 30t	台班	1376.96	–	4.684	–	–	–
	轨道平车 5t	台班	20.14	–	–	0.779	0.779	–
	其他机械费	%	–	1.000	1.000	1.000	1.000	–

5. 安装双曲拱构件

工作内容: 安拆地锚、竖拆扒杆及移动、起吊设备就位、整修构件、吊装定位、铺浆固定、混凝土及砂浆配拌、运料、填塞、捣固、抹缝、养生等。

单位:10m³

定 额 编 号			5-5-237	5-5-238	5-5-239	5-5-240
项 目			扒杆安装			人力安装拱波
			拱肋	腹拱圈	横隔板系梁	
基 价 （元）			**4292.15**	**2220.23**	**1940.57**	**2315.06**
其中	人 工 费 （元）		2193.20	1313.20	1171.60	2192.00
	材 料 费 （元）		92.94	92.27	50.77	123.06
	机 械 费 （元）		2006.01	814.76	718.20	–
名 称	单位	单价(元)	消 耗 量			
人工	综合工日	工日	40.00	54.83	32.83	29.29	54.80
材料	水泥砂浆 M15	m³	143.09	0.320	0.480	0.190	0.860
	原木	m³	1100.00	0.008	0.004	0.004	–
	中枋	m³	1800.00	0.002	0.001	0.001	–
	板材	m³	1300.00	0.002	0.001	0.001	–
	铁件	kg	5.50	0.324	0.162	0.162	–
	扒钉	kg	6.00	0.161	0.081	0.081	–
	钢丝绳	kg	8.80	3.067	1.534	1.534	–
	棕绳	kg	7.20	0.335	0.168	0.168	–
机械	卷扬机(双筒慢速)3t	台班	124.72	9.044	2.565	2.261	–
	卷扬机(单筒快速)1t	台班	94.89	9.044	5.130	4.522	–
	其他机械费	%	–	1.000	1.000	1.000	–

6. 安装桁架拱构件

工作内容: 安拆地锚、竖拆扒杆及移动、整修构件、起吊安装就位、校正固定、座浆、填塞等。　　　　单位:10m³

定　额　编　号			5-5-241	5-5-242
项　　　目			扒杆安装	
			拱片	横向联系构件
基　　价　（元）			**2436.19**	**1927.12**
其中	人　工　费　（元）		1121.60	938.00
	材　料　费　（元）		229.93	47.54
	机　械　费　（元）		1084.66	941.58
名　　　　称	单位	单价(元)	消　　耗　　量	
人工 综合工日	工日	40.00	28.04	23.45
材料 原木	m³	1100.00	0.017	0.008
中枋	m³	1800.00	0.005	0.002
板材	m³	1300.00	0.003	0.002
铁件	kg	5.50	–	0.324
螺栓	kg	6.80	0.074	–
扒钉	kg	6.00	0.264	0.162
钢丝绳	kg	8.80	21.097	2.973
棕绳	kg	7.20	1.471	0.503
机械 卷扬机(双筒慢速) 5t	台班	145.63	4.465	3.876
卷扬机(单筒快速) 1t	台班	94.89	4.465	3.876
其他机械费	%	–	1.000	1.000

7. 安装板拱

工作内容: 安拆地锚、竖拆扒杆及移动、起吊设备就位、整修构件、吊装定位、座浆、填塞养生等。

单位:10m³

定　额　编　号			5-5-243	5-5-244
项　　目			扒杆安装	起重机安装
基　　价　（元）			**2300.41**	**4990.40**
其中	人　工　费　（元）		1191.60	571.20
	材　料　费　（元）		137.11	20.03
	机　械　费　（元）		971.70	4399.17
名　　　称	单位	单价（元）	消　　耗　　量	
人工 综合工日	工日	40.00	29.79	14.28
材料 水泥砂浆 M15	m³	143.09	0.140	0.140
原木	m³	1100.00	0.009	－
中枋	m³	1800.00	0.003	－
板材	m³	1300.00	0.002	－
螺栓	kg	6.80	0.037	－
扒钉	kg	6.00	0.132	－
钢丝绳	kg	8.80	10.549	－
棕绳	kg	7.20	0.736	－
机械 卷扬机（双筒慢速）5t	台班	145.63	4.000	－
卷扬机（单筒快速）1t	台班	94.89	4.000	－
汽车式起重机 40t	台班	2204.26	－	1.976
其他机械费	%	－	1.000	1.000

8. 安装小型构件

工作内容：起吊设备就位、整修构件、起吊安装、就位、校正、固定、砂浆及混凝土配拌、运、捣固、焊接等。

单位：10m³

定　额　编　号			5-5-245	5-5-246	5-5-247	5-5-248	5-5-249
项　　目			端柱、灯柱	人行道板	缘石	锚锭板	栏杆
基　　价　（元）			**1834.16**	**606.40**	**655.60**	**568.69**	**1544.90**
其中	人　工　费（元）		757.20	606.40	655.60	471.20	832.40
	材　料　费（元）		372.76	－	－	－	251.40
	机　械　费（元）		704.20	－	－	97.49	461.10
名　　称	单位	单价（元）	消　　　耗　　　量				
人工 综合工日	工日	40.00	18.93	15.16	16.39	11.78	20.81
材料 中枋	m³	1800.00	0.002	－	－	－	0.037
电焊条	kg	4.40	83.900				42.000
机械 汽车式起重机 5t	台班	390.77	0.152			0.247	0.352
交流电焊机 30kV·A	台班	140.46	4.541				2.271
其他机械费	%	－	1.000			1.000	1.000

9. 钢管栏杆及扶手安装

工作内容:1.管栏杆:选料、切口、挖孔、切割、安装、焊接、校正固定等(不包括混凝土捣脚)。2.钢管扶手:切割钢管、钢板、钢管挖眼、调直、安装、焊接等。

定　额　编　号				5-5-250	5-5-251
项　　　目				钢管栏杆	防撞护栏钢管扶手
单　　　　　　位				10m	t
基　　　价　（元）				**9217.04**	**5477.37**
其中	人　工　费　（元）			1508.40	668.80
	材　料　费　（元）			6912.07	4471.64
	机　械　费　（元）			796.57	336.93
名　　　　　　　称		单位	单价（元）	消　　耗　　量	
人工	综合工日	工日	40.00	37.71	16.72
材料	焊接钢管	t	4100.00	1.536	0.868
	中厚钢板 15mm 以下	kg	4.50	58.580	192.000
	钢筋 ϕ10 以外	t	3900.00	0.038	－
	氧气	m³	3.60	9.530	－
	乙炔气	kg	12.80	3.180	－
	电焊条	kg	4.40	29.010	11.100
机械	交流电焊机 30kV·A	台班	140.46	5.615	2.375
	其他机械费	%	－	1.000	1.000

注:采用其他型钢时可以换算。

10. 安装支座

工作内容:安装、定位、固定、焊接等。

定　额　编　号			5-5-252	5-5-253	5-5-254	5-5-255	5-5-256	5-5-257
项　　目			辊轴钢支座	切线支座	摆式支座	板式橡胶支座	四氟板式橡胶支座	油毛毡支座
单　　位			t	t	t	100cm³	100cm³	10m²
基　　价（元）			**5290.42**	**8245.64**	**6767.06**	**150.80**	**128.54**	**81.04**
其中	人　工　费（元）		623.20	1533.20	1278.80	0.80	0.80	28.00
	材　料　费（元）		4641.54	5165.26	4697.08	150.00	127.74	53.04
	机　械　费（元）		25.68	1547.18	791.18	–	–	–
名　　称	单位	单价（元）	消　　　耗　　　量					
人工 综合工日	工日	40.00	15.58	38.33	31.97	0.02	0.02	0.70
材料 辊轴钢支座	t	4200.00	1.000	–	–	–	–	–
切线支座	t	4200.00	–	1.000	–	–	–	–
摆式支座	t	4100.00	–	–	1.000	–	–	–
板式橡胶支座	100cm³	150.00	–	–	–	1.000	–	–
四氟板式橡胶支座	100cm³	120.00	–	–	–	–	1.000	–
油毛毡	m²	2.60	–	–	–	–	–	20.400
钢筋 φ10 以外	t	3900.00	0.037	0.207	0.132	–	–	–
型钢	kg	3.70	60.000	–	–	–	–	–
中厚钢板 15mm 以下	kg	4.50	–	–	–	–	1.100	–
不锈钢板	kg	22.00	–	–	–	–	0.100	–
电焊条	kg	4.40	0.600	35.900	18.700	–	0.010	–
铁件	kg	5.50	13.200	–	–	–	0.100	–
机械 交流电焊机 30kV·A	台班	140.46	0.181	10.906	5.577	–	–	–
其他机械费	%	–	1.000	1.000	1.000	–	–	–

工作内容:安装、定位、固定、焊接等。

单位:个

定　额　编　号			5-5-258	5-5-259	5-5-260	5-5-261	5-5-262	5-5-263
项　　目			盆式金属橡胶组合支座					
			3000kN 以内	4000kN 以内	5000kN 以内	7000kN 以内	10000kN 以内	15000kN 以内
基　　价　（元）			**1205.20**	**1488.30**	**1874.27**	**2509.27**	**3597.46**	**5222.93**
其中	人　工　费　（元）		198.40	283.20	449.20	672.40	1064.00	1752.00
	材　料　费　（元）		795.68	977.87	1181.82	1573.98	2058.02	2955.89
	机　械　费　（元）		211.12	227.23	243.25	262.89	475.44	515.04
名　　　称	单位	单价（元）	消　　　耗　　　量					
人工 综合工日	工日	40.00	4.96	7.08	11.23	16.81	26.60	43.80
材料 现浇混凝土 C40-20(碎石)	m³	203.14	0.360	0.490	0.640	0.960	1.240	1.760
钢盆式橡胶支座 3000kN 以内	个	180.00	1.000	-	-	-	-	-
钢盆式橡胶支座 4000kN 以内	个	180.00	-	1.000	-	-	-	-
钢盆式橡胶支座 5000kN 以内	个	180.00	-	-	1.000	-	-	-
钢盆式橡胶支座 7000kN 以内	个	180.00	-	-	-	1.000	-	-
钢盆式橡胶支座 10000kN 以内	个	180.00	-	-	-	-	1.000	-

续前

单位:个

定 额 编 号			5-5-258	5-5-259	5-5-260	5-5-261	5-5-262	5-5-263
项 目			盆式金属橡胶组合支座					
			3000kN 以内	4000kN 以内	5000kN 以内	7000kN 以内	10000kN 以内	15000kN 以内
材料	钢盆式橡胶支座 1500kN 以内	个	180.00	–	–	–	–	–	1.000
	钢筋 φ10 以外	t	3900.00	0.045	0.058	0.073	0.103	0.131	0.182
	型钢	kg	3.70	1.000	1.000	1.000	1.000	1.000	2.000
	中厚钢板 15mm 以下	kg	4.50	77.000	100.000	124.000	170.000	239.000	369.000
	电焊条	kg	4.40	1.800	1.900	2.100	2.300	2.600	3.000
	组合钢模板	kg	5.00	1.000	1.000	2.000	2.000	3.000	3.000
	铁件	kg	5.50	0.500	0.600	0.800	1.000	1.100	1.300
	铁丝 18~22 号	kg	5.90	0.200	0.300	0.300	0.500	0.600	0.900
机械	双锥反转出料混凝土搅拌机 350L	台班	123.78	0.038	0.048	0.067	0.095	0.124	0.181
	汽车式起重机 20t	台班	1204.64	0.133	0.143	0.152	0.162	0.048	0.067
	交流电焊机 30kV·A	台班	140.46	0.314	0.333	0.352	0.380	0.409	0.475
	汽车式起重机 30t	台班	1376.96	–	–	–	–	0.247	0.247
	其他机械费	%	–	1.000	1.000	1.000	1.000	1.000	1.000

·272·

11. 安装泄水孔

工作内容:清孔、熬涂沥青、绑扎、安装等。

单位:10m

定 额 编 号				5-5-264	5-5-265	5-5-266
项 目				钢管	铸铁管	塑料管
基 价 （元）				**829.11**	**2238.82**	**169.60**
其中	人 工 费 （元）			33.20	40.00	26.80
	材 料 费 （元）			795.91	2198.82	142.80
	机 械 费 （元）			－	－	－
	名 称	单位	单价(元)	消 耗		量
人工	综合工日	工日	40.00	0.83	1.00	0.67
材料	焊接钢管 DN150	m	69.46	10.200	－	－
	塑料管 DN150	m	14.00	－	－	10.200
	铸铁管 DN150	m	207.00	－	10.200	－
	石油沥青	kg	3.30	26.490	26.490	－

12. 安装伸缩缝

工作内容:焊接安装,切割临时接头,熬涂拌沥青及油浸,混凝土配拌,运,沥青马蹄脂嵌缝,铁皮加工,固定等。

单位:10m

定 额 编 号			5-5-267	5-5-268	5-5-269	5-5-270	5-5-271
项 目			梳型钢板	钢板	橡胶板	毛勒	沥青麻丝
基 价 （元）			**1156.65**	**809.20**	**611.19**	**576.55**	**88.58**
其中	人 工 费 （元）		343.60	255.60	364.40	179.60	72.80
	材 料 费 （元）		345.32	138.50	70.17	36.87	15.78
	机 械 费 （元）		467.73	415.10	176.62	360.08	—
名 称	单位	单价（元）	消	耗		量	
人工 综合工日	工日	40.00	8.59	6.39	9.11	4.49	1.82
材料 沥青砂	m³	678.00	0.047	—	—	—	—
梳型钢板伸缩缝	m	—	(10.000)	—	—	—	—
钢板伸缩缝	m	—	—	(10.000)	—	—	—
橡胶板伸缩缝	m	—	—	—	(10.000)	—	—
毛勒伸缩缝	m	—	—	—	—	(10.000)	—
石油沥青	kg	3.30	50.000	—	—	—	1.600
圆钢	t	4500.00	0.007	0.006	0.002	—	—
环氧树脂	kg	31.00	—	—	0.500	—	—
油浸麻丝	kg	7.00	—	—	—	—	1.500
电焊条	kg	4.40	26.580	25.340	10.380	8.380	—
机械 交流电焊机 30kV·A	台班	140.46	3.297	2.926	1.245	0.741	—
汽车式起重机 5t	台班	390.77	—	—	—	0.646	—
其他机械费	%	—	1.000	1.000	1.000	1.000	—

注:梳型钢板、钢板、橡胶板及毛勒伸缩缝均按成品安装考虑,成品费用另计。

13. 安装沉降缝

工作内容：截铺油毡或甘蔗板、熬涂沥青、安装整修等。

单位：10m²

定　额　编　号			5-5-272	5-5-273	5-5-274	5-5-275
项　　目			油毡		沥青甘蔗板	沥青木丝板
			一毡	一油		
基　　价（元）			**27.72**	**73.77**	**400.48**	**1563.28**
其中	人　工　费（元）		1.20	12.00	16.80	16.80
	材　料　费（元）		26.52	61.77	383.68	1546.48
	机　械　费（元）		－	－	－	－
名　　　　称	单位	单价（元）	消　　耗　　量			
人工 综合工日	工日	40.00	0.03	0.30	0.42	0.42
材料 油毛毡	m²	2.60	10.200	－	－	－
石油沥青	kg	3.30	－	18.360	96.000	96.000
煤	kg	0.54	－	2.010	9.600	9.600
木柴	kg	0.46	－	0.210	1.080	1.080
甘蔗板	m²	6.00	－	－	10.200	－
木丝板 25×610×1830	m²	120.00	－	－	－	10.200

六、脚手架工程

工作内容:清理场地、搭拆、脚手架、挂安全网、拆除、堆放、材料场运输。

单位:100m²

定 额 编 号				5-5-276	5-5-277	5-5-278	5-5-279
项 目				木脚手架			
				单排		双排	
				4m 内	8m 内	4m 内	8m 内
基 价 （元）				**610.41**	**650.89**	**798.71**	**976.44**
其中	人 工 费 （元）			207.60	251.20	284.00	334.80
	材 料 费 （元）			402.81	399.69	514.71	641.64
	机 械 费 （元）			－	－	－	－
名 称		单位	单价(元)	消 耗 量			
人工	综合工日	工日	40.00	5.19	6.28	7.10	8.37
材料	木脚手杆	m³	1100.00	0.082	0.145	0.135	0.191
	原木	m³	1100.00	0.025	0.057	0.027	0.057
	木脚手板	m³	1200.00	0.119	0.024	0.119	0.124
	镀锌铁丝 8~12 号	kg	5.25	21.380	25.010	30.960	38.090
	安全网	m²	9.73	2.680	1.380	2.680	1.410
	其他材料费	%	－	1.000	1.000	1.000	1.000

工作内容:清理场地、搭拆、脚手架、挂安全网、拆除、堆放、材料场运输。

单位:kg

定 额 编 号			5-5-280	5-5-281	5-5-282	5-5-283	5-5-284	5-5-285
项 目			竹脚手架		钢管脚手架			
			双排		单排		双排	
			4m 内	8m 内	4m 内	8m 内	4m 内	8m 内
基 价 (元)			**1646.12**	**2010.90**	**509.18**	**573.92**	**650.26**	**746.14**
其中	人 工 费 (元)		292.00	318.40	233.60	241.60	318.40	321.20
	材 料 费 (元)		1354.12	1692.50	275.58	332.32	331.86	424.94
	机 械 费 (元)		－	－	－	－	－	－
名 称	单位	单价(元)	消	耗		量		
人工 综合工日	工日	40.00	7.30	7.96	5.84	6.04	7.96	8.03
材料 毛竹 >1.7m 围径33cm	根	8.00	15.430	30.380	－	－	－	－
脚手钢管	t	3850.00	－	－	0.021	0.036	0.027	0.050
毛竹 >1.7m 围径27cm	根	6.00	7.550	13.880	－	－	－	－
脚手管(扣)件	个	5.00	－	－	2.190	4.390	3.200	6.480
竹篾	百根	50.00	19.870	23.630	－	－	－	－
脚手架底座	个	7.00	－	－	0.240	0.250	0.450	0.430
竹脚手板	m²	30.00	5.080	5.150	5.110	5.110	5.980	5.980
安全网	m²	9.73	2.680	1.380	2.680	1.380	2.680	1.380
其他材料费	%	－	1.000	1.000	1.000	1.000	1.000	1.000

附　　录

一、土壤、岩石分类表

1. 土石方虚实方系数表

项目	类别	自然方	松方	实方(综合取定)	码方
土方	一、二类土(松土)	1	1.25	0.85	
	三类土(普通土)	1	1.35		
	四类土(硬土)	1	1.40		
石方	$f = 1.5 \sim 8$	1	1.50	1.31	
	$f = 8 \sim 14$	1	1.60		
	$f = 14 \sim 18$	1	1.70		
砂方		1	1.07	0.94	
块石		1	1.75	1.43	1.67

2. 土壤及岩石(普氏)分类表

定额分类	普氏分类	土壤及岩石名称	天然湿度下平均容量（kg/m³）	极限压碎强度（kg/cm²）	用轻钻孔机钻进1m耗时(min)	开挖方法及工具	紧固系数(f)
普通土	I	砂	1500			用尖锹开挖	0.5～0.6
		砂壤土	1600				
		腐殖土	1200				
		泥炭	600				
	II	轻壤土和黄土类土	1600			用锹开挖并少数用镐开挖	0.6～0.8
		潮湿而松散的黄土,软的盐渍土和碱土	1600				
		平均15mm以内的松散而软的砾石	1700				
		含有草根的密实腐殖土	1400				
		含有直径在30mm以内根类的泥炭和腐殖土	1100				
		掺有卵石、碎石和石屑的砂和腐殖土	1650				
		含有卵石或碎石杂质的胶结成块的填土	1750				
		含有卵石、碎石和建筑料杂质的砂壤土	1900				
	III	肥黏土其中包括石炭纪、侏罗纪的黏土和冰黏土	1800			用尖锹并同时用镐开挖（30%）	0.8～1.0
		重壤土、粗砾石,粒径为15～40mm的碎石和卵石	1750				
		干黄土和掺有碎石或卵石的自然含水量黄土	1790				
		含有直径大于30mm根类的腐殖土或泥炭	1400				
		掺有碎石或卵石和建筑碎料的土壤	1900				
坚土	IV	土含碎石重黏土,其中包括侏罗纪和石炭纪的硬黏土	1950			用尖锹并同时用镐和撬棍开挖（30%）	1.0～1.5
		含有碎石、卵石、建筑碎料和重达25kg的顽石（总体积10%以内）等杂质的肥黏土和重壤土	1950				
		冰碛黏土,含有重量在50kg以内的巨砾,其含量为总体积的10%以内	2000				
		泥板岩	2000				
		不含或含有重量达10kg的顽石	1950				

续前

定额分类	普氏分类	土壤及岩石名称	天然湿度下平均容量（kg/m³）	极限压碎强度（kg/cm²）	用轻钻孔机钻进1m耗时（min）	开挖方法及工具	紧固系数（f）
松石	V	含有重量在50kg以内的巨砾(占体积10%以上)的冰碛石 砂藻岩和软白垩岩 胶结力弱的砾岩 各种不坚实的片岩 石膏	2100 1800 1900 2600 2200	小于200	小于3.5	部分用手凿工具,部分用爆破来开挖	1.5～2.0
次坚石	VI	凝灰岩和浮石 松软多孔和裂隙严重的石灰岩和介质石灰岩 中等硬变的片岩 中等硬变的泥灰岩	1100 1200 2700 2300	200～400	3.5	用风镐的爆破来开挖	2～4
次坚石	VII	石灰岩胶结的带有卵石和沉积岩的砾石 风化的和有大裂缝的黏土质砂岩 坚实的泥岩板 坚实泥灰岩	2200 2000 2800 2500	400～600	6.0	用爆破方法开挖	4～6
次坚石	VIII	砾质花岗岩 泥灰质石灰岩 黏土质砂岩 砂质云片岩 硬石膏	2300 2300 2200 2300 2900	600～800	8.5	用爆破方法开挖	6～8
普坚石	IX	严重风化的软弱的花岗岩、片麻岩和正长岩 滑石化的蛇纹岩 致密的石灰岩 含有卵石、沉积岩碴质胶结的砾岩 砂岩 砂质石灰质片岩 菱镁矿	2500 2400 2500 2500 2500 2500 3000	800～1000	11.5	用爆破方法开挖	8～10
普坚石	X	白云石 坚固的石灰岩 大理石 石灰岩质胶结的致密砾石 坚固砂质片岩	2700 2700 2700 2600 2600	1000～1200	15.0	用爆破方法开挖	10～12

定额分类	普氏分类	土壤及岩石名称	天然湿度下平均容量（kg/m³）	极限压碎强度（kg/cm²）	用轻钻孔机钻进1m耗时（min）	开挖方法及工具	紧固系数（f）
特坚土	XI	粗花岗岩 非常坚硬的白云岩 蛇纹岩 石灰质胶结的含有火成岩之卵石的砾石 石英胶结的坚固砂岩 粗粒正长岩	2800 2900 2600 2800 2700 2700	1200～1400	18.5	用爆破方法开挖	12～14
	XII	具有风化痕迹的安山岩和玄武岩 片麻岩 非常坚固的石灰岩 硅质胶结的含有火成岩之卵石的砾岩 粗石岩	2700 2600 2900 2900 2600	1400～1600	22.0	用爆破方法开挖	14～16
	XIII	中粒花岗岩 坚固的片麻岩 辉绿岩 玢岩 坚固的粗面岩 中粒正长岩	3100 2800 2700 2500 2800 2800	1600～1800	27.5	用爆破方法开挖	16～18
	XIV	非常坚硬的细粒花岗岩 花岗岩麻岩 闪长岩 高硬度的石灰岩 坚固的玢岩	3300 2900 2900 3100 2700	1800～2000	32.5	用爆破方法开挖	18～20
	XV	安山岩、玄武岩、坚固的角页岩 高硬度的辉绿岩和闪长岩 坚固的辉长岩和石英岩	3100 2900 2800	2000～2500	46.0	用爆破方法开挖	20～25
	XVI	拉长玄武岩和橄榄玄武岩 特别坚固的辉长辉绿岩、石英石和玢岩	3300 3000	大于2500	大于60	用爆破方法开挖	大于25

注：1kg/cm² = 9.8N/cm²。

3. 钻孔、灌浆工程岩石分级对照表

十二级划分			十六级划分		
岩石级别	可钻性（m/h）	一次提钻长度（m）	岩石级别	可钻性（m/h）	一次提钻长度（m）
Ⅳ	1.60	1.70	Ⅴ	1.60	1.70
Ⅴ	1.15	1.50	Ⅵ	1.20	1.50
Ⅵ	0.82	1.30	Ⅶ	1.00	1.40
Ⅶ	0.57	1.10	Ⅷ	0.85	1.30
Ⅷ	0.38	0.85	Ⅸ	0.72	1.20
Ⅸ	0.25	0.65	Ⅹ	0.55	1.10
Ⅹ	0.15	0.50	Ⅺ	0.38	0.85
Ⅺ	0.09	0.32	Ⅻ	0.25	0.65
Ⅻ	0.045	0.16	ⅩⅢ	0.18	0.55
			ⅩⅣ	0.13	0.40
			ⅩⅤ	0.09	0.32
			ⅩⅥ	0.045	0.16

二、材料、半成品场内运输及施工操作损耗率表

序号	材料及半成品名称	损耗率(%)	序号	材料及半成品名称	损耗率(%)
1	红砖	1	18	砂土	4
2	砂	4	19	石粉	3
3	石灰	3	20	钢轨(重)	0.8
4	碎石	3	21	钢轨(轻)	0.8
5	块石	2	22	鱼尾板(重)	0.1
6	片石	2	23	鱼尾板(轻)	0.1
7	水泥	2	24	鱼尾板螺栓代帽(重)	1.4
8	中枋	5	25	鱼尾板螺栓代帽(轻)	1.4
9	原木	5	26	弹簧垫圈(重)	2
10	圆钢	2.5	27	弹簧垫圈(轻)	4
11	型钢及钢板	6	28	垫板(重)	0.3
12	铁钉	2	29	垫板(轻)	1
13	铁丝	2	30	道钉	1
14	现浇混凝土	1.5	31	防爬器	0.5
15	预制混凝土	1	32	轨距杆	0.2
16	氧气	6	33	螺旋道钉代帽	1
17	橡胶道口板	3	34	绝缘垫板	0.3

序号	材料及半成品名称	损耗率(%)	序号	材料及半成品名称	损耗率(%)
35	尼龙套管	0.3	53	煤	7
36	连接螺杆	0.2	54	石屑	2
37	橡胶道口混凝土枕	0.3	55	石油沥青	3
38	黑色碎石	2	56	渣油	9
39	粗(中)粒式沥青混凝土	1.5	57	砂砾	2
40	细粒式沥青混凝土	1.5	58	黏土	5
41	钢筋混凝土管	1	59	煤沥青	5
42	钢筋 ϕ10 以内	1.5	60	黏土(泥结)	14
43	钢筋 ϕ10 以外	3	61	中间扣板	0.3
44	电焊条	12	62	接头扣板	0.3
45	草袋	4	63	铁座	0.3
46	油毡	2	64	绝缘垫片	1
47	雷管	3	65	平垫圈	2
48	炸药	2	66	衬垫	1
49	导火线	6	67	中间轨距挡板	0.3
50	钢钎	6	68	挡板座	0.3
51	汽油	2	69	绝缘缓冲垫板	0.3
52	柴油	2	70	弹条	0.3

序号	材料及半成品名称	损耗率%	序号	材料及半成品名称	损耗率%
71	道碴	11.5	79	扒钉	1
72	硫磺	2	80	乳化沥青	4
73	石蜡	2	81	山皮石	2
74	油浸木枕	0.3	82	混碴	2
75	木岔枕	0.3	83	铁件	0.9
76	钢筋混凝土枕	0.3	84	镀锌铁线	2
77	C型无螺栓扣件	1	85	砂砾	2
78	方头大钉	1	86	中(粗)砂	4